U0167278

金砖国家水工程
与能源领域人才培养模式
研究与实践

刘文锴 等 著

中国水利水电出版社

www.waterpub.com.cn

·北京·

内 容 提 要

　　金砖国家合作框架下的人才培养，需要建立适用于五国的通用人才培养模式。本书立足于金砖国家水工程与能源领域人才培养，梳理金砖五国高等教育概况，研究金砖国家本科人才培养体系的共性和差异性，以及金砖国家水工程与能源领域本科专业体系通用标准和特别条件，结合金砖国家网络大学人才培养的实际情况，提出金砖国家水工程与能源领域通用的人才培养模式方案，致力于在金砖国家网络大学合作机制下，形成一套资源共享、学分互认、学生流动便利的水工程与能源领域本科人才培养模式，以利于金砖国家网络大学在水工程与能源领域的本科人才培养工作的实施。

　　本书供金砖国家网络大学成员高校中有志于人才国际化培养的领导、专家及相关工作者借鉴参考。

图书在版编目（CIP）数据

　　金砖国家水工程与能源领域人才培养模式研究与实践/
刘文锴等著. -- 北京：中国水利水电出版社，2021.4
　　ISBN 978-7-5170-9559-0

　　Ⅰ．①金… Ⅱ．①刘… Ⅲ．①网络大学－水利工程－
人才培养－培养模式－研究②网络大学－能源－人才培养
－培养模式－研究 Ⅳ．①TV②TK

中国版本图书馆CIP数据核字(2021)第076333号

书　　名	金砖国家水工程与能源领域人才培养模式研究与实践 JINZHUAN GUOJIA SHUIGONGCHENG YU NENGYUAN LINGYU RENCAI PEIYANG MOSHI YANJIU YU SHIJIAN
作　　者	刘文锴　等 著
出版发行	中国水利水电出版社 （北京市海淀区玉渊潭南路1号D座　100038） 网址：www.waterpub.com.cn E-mail：sales@waterpub.com.cn 电话：(010) 68367658（营销中心）
经　　售	北京科水图书销售中心（零售） 电话：(010) 88383994、63202643、68545874 全国各地新华书店和相关出版物销售网点
排　　版	中国水利水电出版社微机排版中心
印　　刷	清淞永业（天津）印刷有限公司
规　　格	170mm×240mm　16开本　12.5印张　224千字
版　　次	2021年4月第1版　2021年4月第1次印刷
定　　价	**76.00元**

序　言

　　教育是民族振兴、社会进步的重要基石，人才是社会发展的动力。新中国高等教育在 70 多年的发展过程中规模不断扩大，办学质量和水平稳步提升，培养了大量适应社会主义建设需要的优秀人才，为中国的经济增长和社会进步提供了强大智力支撑。进入 21 世纪，伴随着全球化的不断深化，中国的综合国力越来越强，与世界的联系越来越紧密，同时，中国自身的经济发展进入了新常态，面临着产业升级、科技创新、全球竞争等多重挑战和机遇，对建设高等教育强国、培养大批具有国际视野和全球竞争力人才的期望和需求越来越迫切。中国需要加强高等教育的国际交流与合作，利用国际优质高等教育资源，来培养满足国内经济发展和参与全球治理的优秀人才。

　　金砖国家合作机制是中国培养具有国际视野和全球竞争力人才的新平台。巴西、俄罗斯、印度、中国和南非五国作为世界新兴经济体，为应对全球化的挑战，遵循开放透明、团结互助、深化合作、共谋发展的原则和"开放、包容、合作、共赢"的精神，构建了金砖国家合作机制（BRICS），致力于发展更紧密、更全面、更牢固的伙伴关系。高等教育是金砖国家重要的合作领域。2015 年 11 月，由俄罗斯倡议，金砖五国政府积极响应，成立了金砖国家合作机制下的高等教育合作平台——金砖国家网络大学，来自五国的 56 所高校成为首批成员高校，共同确定在能源、计算机科学和信息安全、金砖国家研究、生态和气候变化、水资源和污染治理、经济学等六个领域优先开展合作。金砖国家网络大学自成立以来，每年都召开年会，就教育和科研合作进行深入探讨协商，成为金砖国家合作的重要领域和典范。

华北水利水电大学是一所水利、电力特色鲜明的高等学校，有 70 年的办学历史。近年来，学校积极参与金砖国家网络大学建设，于 2015 年 11 月入选了金砖国家网络大学中方成员高校，并在 2017 年 7 月于河南省郑州市承办了金砖国家网络大学 2017 年年会，被教育部确定为中方高校牵头单位，负责水工程和能源领域的合作。2018 年，华北水利水电大学与俄罗斯乌拉尔联邦大学联合举办的金砖国家网络大学框架下的第一个合作办学机构——华北水利水电大学乌拉尔学院，经教育部批准在华北水利水电大学成立，首期设置测绘工程、能源与动力工程、给排水科学与工程、建筑学 4 个专业，并于当年顺利招生。可以说，华北水利水电大学为落实金砖国家网络大学框架下的高等教育合作做出了积极贡献。

华北水利水电大学乌拉尔学院首要的任务是人才的国际化培养，这就需要构建一个通用于金砖国家网络大学的人才培养模式。为实施好水工程和能源领域的人才培养合作，华北水利水电大学校长刘文锴教授申报了河南省教育科学规划 2018 年度重点课题"基于金砖国家网络大学的水工程与能源领域人才培养模式研究与实践"（〔2018〕- JKGHZD-06），本书即为课题的研究成果。

详读本书文稿，可以深切地感受到，本书紧扣金砖国家网络大学水工程与能源领域本科人才培养合作的主题，全面梳理了金砖五国高等教育发展情况，从金砖国家本科人才培养体系、水工程与能源领域本科专业体系、通用标准和特别条件等方面进行了深入的研究，提出了金砖国家水工程与能源领域本科人才培养模式构建方案，为金砖国家实施人才培养合作提供了范例。本书结构体系完整，逻辑严密，资料丰富，论述过程紧凑且合理，既有深刻的理论分析，又有翔实的实践支撑，定能为推进金砖国家网络大学框架下的人才培养合作提供有益的参考和借鉴。祝愿刘文锴教授在后续的研究中取得更多的成果，祝愿华北水利水电大学培养出更多的具有国际视野和全球竞争力的人才。

中国工程院院士 王复明

2021 年 2 月

前　言

华北水利水电大学具有 70 年的办学历史，水利、电力是学校的办学特色。成为金砖国家网络大学成员高校，是华北水利水电大学响应"一带一路"倡议，借助金砖国家优质高等教育资源培养国际化人才和提升科研水平，提高学校办学实力和国际影响力的务实举措。

华北水利水电大学是金砖国家网络大学中方牵头高校，负责水工程与能源领域的合作，承办了金砖国家网络大学 2017 年年会，与俄罗斯乌拉尔联邦大学联合申办的中外合作办学机构——华北水利水电大学乌拉尔学院获得教育部批准，并于 2018 年开始招生。推进水工程与能源领域的高等教育合作，办好华北水利水电大学乌拉尔学院这一金砖国家网络大学框架下的第一个合作办学实体，培养一批具有国际视野和全球竞争力的人才，为金砖国家网络大学的合作起到示范作用，彰显中国高校的实力和影响，是我作为校长义不容辞的责任。基于此，我申报了河南省教育科学规划 2018 年度重点课题"基于金砖国家网络大学的水工程与能源领域人才培养模式研究与实践"并获得立项（〔2018〕-JKGHZD-06），希望聚焦金砖国家水工程与能源领域本科人才培养合作，选取金砖国家网络大学部分具有水工程与能源领域本科专业的成员高校为研究对象，通过对专业设置、课程结构体系、人才培养方案、学制与学位等方面的比较研究，提出构建一个通用于金砖国家网络大学水工程与能源领域的人才培养模式，以应用于华北水利水电大学乌拉尔学院的办学实践，并为金砖国家的本科人才培养合作提供示范和参考。在课题组成员的共同努力下，课题研究取得阶段性成果，本书即为相关成果的总结。

本书共有六章。我主持了课题的研究工作，构建了本书的整体框架，并对全书进行了统稿。潘松岭撰写了第一章和第二章的前五个部分，马强撰写了第四章和第五章和第六章，龚之冰撰写了第二章的第六部分第三章和第六章。华北水利水电大学乌拉尔学院的院长黄健平教授、党委书记李胜机教授负责收集资料，为本书的研究提供了有力的支持，并整理了三个附录的内容。本书体现了我对金砖国家网络大学具体运行和华北水利水电大学乌拉尔学院办学实践的思考。由于华北水利水电大学乌拉尔学院是金砖国家网络大学框架下的第一个合作办学实体，没有可供借鉴的先例，本书的研究可以说是开创性的。

在本书的撰写过程中，许多领导、专家和同事提出了很有价值的意见建议，俄罗斯乌拉尔联邦大学、印度理工学院孟买分校等金砖国家网络大学成员高校提供了许多研究资料，出版社的同仁为本书的出版做了大量的工作，在此一并致谢。

金砖国家网络大学框架下的高等教育合作具有广阔的前景，我们将继续关注和研究，为促进金砖国家网络大学的有效运行做出最大努力。

刘文锴

2021 年 2 月

目 录

第一章 绪 论

一、金砖国家概况

"金砖国家"（BRICS）一词，是 2001 年由美国高盛公司的首席经济学家吉姆·奥尼尔（Jim O'Neill），在一份题为"与'金砖四国'一起梦想：通向 2015 年之路"的研究报告中首次提出的概念，特指中国、俄罗斯、印度、巴西四个"世界新兴市场"。这一概念得到了"金砖四国"的积极回应。2006 年 9 月，"金砖四国"在美国纽约进行了第一次政治会谈，四国的外交部部长代表出席了会议，之后又进行了四次高级别会谈，但没有形成有效的会商机制。2009 年，为应对美国次贷危机所引发的世界经济危机，"金砖四国"在二十国集团之外另行构建了代表世界新兴市场的领导人会晤机制。2009 年 6 月，"金砖四国"元首第一次会晤在俄罗斯叶卡捷琳堡举行，并发表了联合声明。2011 年，新成员南非首次参加会晤。自 2009 年以来，"金砖国家"坚持每年举行元首会晤，金砖国家间的合作日益广泛，合作基础不断夯实，形成了以领导人会晤为导向，以安全事务高级代表会议、外长会晤等部长级会议为支撑，在政治、经济、科技、文化、教育、卫生、智库等诸多领域开展务实合作的多层次合作机制，成为世界新兴经济体参与全球治理、促进世界经济增长的重要力量。

"金砖国家"在高等教育领域开展了广泛而务实的合作。2015 年 7 月，金砖国家领导人在俄罗斯举行会晤，俄方提出的建立金砖国家网络大学的倡议，被写入会议通过的《金砖国家领导人第七次会晤乌法宣言》："我们强调高等教育和研究的重要性，呼吁在承认大学文凭和学位方面加强交流。我们要求金砖国家相关部门就学位鉴定和互认开展合作，支持建立金砖国家网络大学和大学联盟的倡议。"2015 年 11 月，第三届金砖国家教育部部长会议在莫斯科举行，五国教育部代表共同签署了《关于建立金砖国家网络大学的谅解备忘录》，标志着金砖国家网络大学正式启动。

二、金砖国家网络大学概况

金砖国家网络大学是由俄罗斯主导的金砖国家高等教育多边合作机制，秘书处设在俄罗斯乌拉尔联邦大学。金砖国家网络大学的组成模式，是由金砖国家各确定若干高校参加，成员高校相互之间在教育、科研、创新等领域开展合作，在五国间形成网络状的高等教育交流与合作框架。按照五国教育部代表签署的《关于建立金砖国家网络大学的谅解备忘录》中在金砖国家网络大学的创立阶段，各国参与高校不超过12所的要求，五国分别确定了各自的参与高校，参与高校总计56所，其中中国11所，俄罗斯12所，印度12所，巴西9所，南非12所（表1-1）。金砖国家网络大学确定在能源、计算机科学和信息安全、金砖国家研究、生态和气候变化、水资源和污染治理、经济学等六个领域优先开展合作。为了保障金砖国家网络大学的有效运行，构建了相应的管理架构，包括国际管理董事会（IGB）、国内协调委员会（NCC）、国际专题工作组（ITG）三个部分。国际管理董事会主要负责网络大学的活动、发展和绩效评估。国内协调委员会由成员国教育部牵头成立，负责协调和组织本国各成员高校的活动。国际专题工作组主要负责网络大学六个优先合作知识领域的各项教育、科研活动。

表1-1　　　　　　　　金砖国家网络大学成员高校名单

序号	中　国	俄　罗　斯	印　度	巴　西	南　非
1	复旦大学	俄罗斯国立高等经济学院	印度理工学院瓦拉纳西分校	里约热内卢联邦大学	中央理工大学
2	北京师范大学	圣彼得堡国立信息技术机械与光学大学	印度理工学院坎普尔分校	米纳斯吉拉斯联邦大学	南非西北大学
3	浙江大学	莫斯科国立国际关系学院	印度理工学院孟买分校	维索萨联邦大学	德班理工大学
4	华中科技大学	莫斯科物理技术学院	印度理工学院卡拉普尔分校	圣卡塔琳娜州联邦大学	罗德斯大学
5	湖南大学	莫斯科能源动力学院	英迪拉·甘地发展研究学院	南里奥格兰德联邦大学	斯坦陵布什大学

序号	中 国	俄罗斯	印 度	巴 西	南 非
6	吉林大学	莫斯科钢铁合金学院	国家工学院杜尔加普尔分校	里约热内卢天主教大学	开普敦大学
7	四川大学	莫斯科国立大学	印度国立伊斯兰大学	亚马逊国家研究院	茨瓦尼科技大学
8	河海大学	俄罗斯人民友谊大学	塔塔社科学院	弗鲁米嫩塞联邦大学	约翰内斯堡大学
9	西南大学	圣彼得堡国立大学	国家工学院瓦朗加尔分校	坎皮纳斯大学	林波波大学
10	东北林业大学	托木斯克理工大学	德里大学		比勒陀利亚大学
11	华北水利水电大学	托木斯克国立大学	能源与资源大学		南非文达大学
12		乌拉尔联邦大学	国家工学院纳加普尔分校		金山大学

三、金砖国家研究文献综述

金砖国家的概念提出以来，许多学者开展了相关研究。有关金砖国家及其高等教育的研究，侧重于金砖国家合作机制研究、金砖国家高等教育合作研究和金砖国家网络大学研究三个方面。

（一）金砖国家合作机制研究

很多学者认为金砖国家作为世界新兴经济体，在相当长一个时期将是世界经济发展的主要动力。徐建国认为金砖国家经济快速增长不仅带动了全球复苏，还通过南南合作带来其他新兴市场和发展中国家共同发展。金砖国家总体上还处于工业化与城市化进程的中期，产业发展、基础设施开发、教育和科技创新、社会文化事业发展等领域都有巨大的发展空间。金砖国家应当在推动国际经济秩序和治理结构改革、拓展内部经贸合作规模和深度、加强金砖国家南南合作战略和政策协调等方面开展多层次、宽领域的合作❶。樊勇明认为金砖国家在国际金融体系改革、区域合作和国际政治热点问题上开展了有效的合作与政策协调，还要在相互间贸易失衡、参与新一轮国际经贸规则制定、开展人文交流等方面继续加深合作❷。王厚双等认为传统的全球经济体系存在大国主导性强、结构不合理、效率和能力不足的弊端，金砖国家合作机制应当秉承平等互惠、务实合作的发展理念，坚定不移地开展全方位经济合作，积极主动参与新一轮国际经贸规则制定，以区域治理为切入点，在全球治理中发挥越来越大的作用❸。李稻葵等认为金砖国家的共性和区别共同决定了金砖国家具有广阔的合作空间和光明的合作前景，需要在改造现有的全球治理结构、打造金砖国家金融机制、提升经济合作质量、加强智力合作等方面开展深度合作❹。张宇认为金砖合作机制打破了全球治理体系的西方垄断格局，注入了更多的平等、公平元素，在全球发展中逐渐从配角发展成为主角。金砖国家应当做好角色定位，做先进技术和制度的创新者、沟通交流的包容者、结构性改革的先行者、团结合作的维护者、知行合一的行动者，在全球治理中反对贸易保护主义、践行多边主义、完善合作机制、打造经济增长新引擎，强化新工业革命伙伴关系、促进科技成果普惠共享，加强人文交流、凝聚金砖精神和金砖价值，适应时代发展变化，与时俱进地推进治理创新❺。

（二）金砖国家高等教育合作研究

一些学者认为金砖国家的合作领域非常广泛，但人文交流非常重要。俄罗斯学者谢·卢涅夫认为文化-文明因素对金砖国家的合作非常重要，全面发展文化子系统，首先是教育领域的合作。中国、印度和俄罗斯社会文化-文明的独特性，使得这几个国家强化了各自的立场，他们的哲学流派自古以来赋予人及其道德思想的和谐完善和发展具有重要意义❻。陈万灵认为人文交流是金砖国家合作不可或缺的内容，复杂的国际政治及其互信、经济环

---

❶　徐建国．金砖国家仍是世界经济发展引擎［J］．当代世界，2013（3）：32－35

❷　樊勇明．全球治理新格局中的金砖合作［J］．国际展望，2014（4）：101－116

❸　王厚双，关昊，黄金宇．金砖国家合作机制对全球经济治理体系与机制创新的影响［J］．亚太经济，2015（3）：3－8

❹　李稻葵，徐翔．全球治理视野的金砖国家合作机制［J］．改革，2015（10）：57－60

❺　张宇．金砖国家推动便于治理变革的角色与使命［J］．学术前沿，2020（2）：88－91

❻　谢·卢涅夫．金砖国家的合作潜力与文化文明因素［J］．刘锟　译．俄罗斯文艺，2014（4）：138－140

境、历史文化认知、文化产业基础及各国体制等，是影响金砖国家人文交流的因素，金砖国家应当基于"金砖精神"，积极探寻共性文化建设，构建政府人文交流合作平台，推进文化产业化发展，推进教育合作，推动"民心相通"❶。黄茂兴认为教育国际化是教育进步的重要体现，金砖国家推进教育国际化战略，将有力促进金砖各国的教育进步，有助于培养更多国际视野的创新型人才，加快推动金砖国家的科技创新❷。李稻葵等认为金砖国家都面临着一些在发展过程中的共性问题，这些问题与发达国家的主要研究议题不完全一致，这就要求金砖国家深入研究在各自发展进程中所面临的重要问题。金砖国家合作机制离不开研究机构的智力贡献，要加强金砖国家间的智力合作，增进人文交流，以便相互了解，加强联系纽带❸。王维伟等认为金砖合作机制与"一带一路"建设具有协同效应，其中应当夯实民心相通的社会根基，巩固既有的教育、学术等交流平台，建立金砖国家大学、图书馆、美术馆等各领域的联盟，充分挖掘和发挥潜力，由点到线，由线到面，为推动"一带一路"建设提供良好的社会环境❹。蒲公英认为人文交流与合作可以成为金砖国家合作发展的重要抓手，但金砖国家在教育领域总体上还是偏向于建立内部合作机制❺。梁晓华认为金砖国家占世界面积的 30%，全球人口的43%，在加快教育发展上具有巨大的集体潜力，也是对合作发展达成共识的基础。金砖国家在教育领域开展合作具有共同利益，金砖国家教育合作机制的建立和正规化是获取合作效益的保证❻。

（三）金砖国家网络大学研究

由于金砖国家网络大学成立时间不长，有效运行的时间更短，故而有关的研究较少。陈燕萍认为金砖国家人才培养模式应当具有健全的制度保障体系、清晰的人才培养目标、严格的人才标准评价、规范的人才安全策略、共

❶ 陈万灵．引领"一带一路"人文交流合作的"金砖路径"［J］．亚太经济，2017（3）：52－57
❷ 黄茂兴．金砖国家科技创新与教育进步的互动发展分析［J］．经济研究参考，2018（51）：31
❸ 李稻葵，徐翔．全球治理视野的金砖国家合作机制［J］．改革，2015（10）：60
❹ 王维伟，吕志岭．金砖合作机制与"一带一路"建设的合作路径分析［J］．石河子大学学报（哲学社会科学版），2019（6）：7
❺ 蒲公英．金砖国家人文交流合作机制分析［J］．俄罗斯东欧中亚研究，2017（4）：55
❻ 梁晓华．金砖国家合作开创国际教育新途径［N］．光明日报，2013－11－06（8）

享的人才成长信息平台等特点，我国高校可以从明确人才培养的战略目标、健全完善人才培养的法律法规体系、建立优越的人才集聚机制、提升人才应对国际挑战的能力等方面学习借鉴❶。迟歌认为金砖国家要进一步拓宽教育领域的合作模式，定期举办教育部部长和大学校长论坛，通过大学联盟和大学网络等渠道加强合作，为培养具有国际视野的技术创新性人才而努力❷。刘川生提出金砖国家大学需要建立多层次、全方位的交流合作框架，共同搭建人才培养和交流平台，开展金砖国家大学间的教师互派、学生交换、学分互认和学位互授等，组织实施本科、硕士、博士等各阶段人才的联合培养❸。

四、研究意义

（一）探寻金砖国家网络大学合作根基

金砖国家网络大学是金砖国家合作机制下的高等教育合作框架。金砖国家网络大学合作框架能否运行通畅、取得预期成效，一个重要的基础性因素在于能否梳理总结五国高等教育的异同，在求同存异的基础上构建适用于五国的人才培养体系。金砖五国的高等教育在发展起源、历史传承、管理体制、现代发展等方面存在很大的差异，这是金砖国家网络大学进行合作的难点。本书致力于金砖五国高等教育发展历史、管理体系和制度、高校分类体系、现行高等教育政策等方面的研究，力图梳理总结金砖国家高等教育的共性和差异性，为探寻金砖国家网络大学的畅通合作夯实根基。

（二）为制定金砖国家网络大学通用的人才培养体系方案奠定基础

金砖国家网络大学框架下的高等教育合作，首先是人才培养的合作，这就要求构建一个通用于金砖国家网络大学各成员高校的人才培养体系方案。本书聚焦金砖国家的本科人才培养，选取金砖国家网络大学不同国家的典型大学为研究对象，通过比较分析金砖五国本科教育的专业设置、课程体系结

---

❶ 陈燕萍．金砖国家人才培养的特点及其对我国的启示［J］．教育发展研究，2013（3）：73－77

❷ 迟歌．新兴经济体合作机构探索——基于金砖国家视角［J］．现代管理科学，2019（4）：56

❸ 袁婷．推进金砖国家大学的交流与合作——访北京师范大学党委书记刘川生［N］．人民日报，2015－10－24（8）

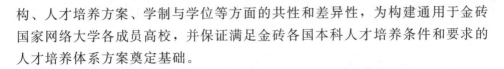

构、人才培养方案、学制与学位等方面的共性和差异性，为构建通用于金砖国家网络大学各成员高校，并保证满足金砖各国本科人才培养条件和要求的人才培养体系方案奠定基础。

（三）构建通用的本科人才培养模式

水工程与能源领域是金砖国家网络大学的六个优先合作领域之一。华北水利水电大学是金砖国家网络大学的中方牵头高校，牵头负责水工程与能源领域的合作。华北水利水电大学与俄罗斯乌拉尔联邦大学合作举办的华北水利水电大学乌拉尔学院，是金砖国家网络大学框架下的第一个中外合作办学机构，合作举办的测绘工程、能源与动力工程、给排水科学与工程、建筑学等 4 个专业已于 2018 年招生和实施人才培养。今后金砖国家网络大学定会在水工程和能源领域开展进一步的人才培养合作，为水工程和能源领域制定一个通用的人才培养体系势在必行。本书聚焦金砖国家网络大学在水工程和能源领域的人才培养合作，结合我国水工程与能源领域学科专业设置和人才培养体系，重点梳理其他金砖国家网络大学成员高校水工程与能源领域专业特色和人才培养体系，在尊重各国教育传统的基础上，具体探讨金砖国家网络大学水工程与能源领域本科人才培养理念、人才培养目标、人才培养规格等，进而拟定科学的本科人才培养方案，同时进一步明确共同的课程标准，积极推进核心课程体系建设，形成金砖国家网络大学资源共享、学分互认、学生流动便利的特色人才培养模式。

五、研究方法

本书的研究立足于顺利推进国际多边教育合作，以促进金砖国家网络大学水工程与能源领域的本科人才培养为主线，通过大量的文献资料和综合分析，全面、客观地掌握金砖国家网络大学发展概况，汇集、总结金砖国家网络大学成员高校不同的本科人才培养体系，分析金砖国家网络大学水工程与能源领域本科人才培养规律，寻找共同点与差异性，形成一个在水工程与能源领域具有共性的本科人才培养体系标准。本书主要采取下列研究方法。

（一）文献资料法

借助金砖国家网络大学国际高等教育合作与交流平台，通过多种手段收集金砖国家网络大学有关成员高校的资料，把促进水工程与能源领域本科人才培养工作与我国实施"一带一路"倡议的时代背景相结合，确定研究方向，拟定具体的研究思路和方法，形成本书研究的基本框架。

（二）比较研究法

选择金砖国家网络大学中学科水平高、发展态势良好的成员高校，通过对水工程与能源领域的实地调研，进行有针对性的比较研究，深入探究相关高校水工程与能源领域本科人才培养方面的规律性，为促进金砖国家网络大学的有效运作提供理论支撑。

（三）行动研究法

借助金砖国家网络大学合作交流平台，结合华北水利水电大学乌拉尔学院这一中外合作办学机构的办学实践，与金砖国家网络大学有关水工程与能源领域的教育工作者，共同调查分析本书的研究资料和发现的问题，并通过研究成果的实践应用来发现新问题，开展反复多次研究，最终形成经过实践检验、通用于金砖国家网络大学相关高校水工程与能源领域的本科人才培养标准和人才培养体系方案。

第二章　金砖国家高等教育研究

金砖国家均是人口较多、经济实力较强、在全球具有一定影响力的新兴经济体，在政治体制、历史传承、文化传统、民族宗教等方面存在很多差异，在高等教育领域也有各自的发展历史和不同的时代风貌。

一、巴西高等教育

（一）高等教育发展历史

巴西是南美洲最大和经济实力最强的国家，实行联邦制的政治体制。巴西经济自 20 世纪 50 年代开始快速发展，1950—1980 年的 30 年时间里，实现了年均 7％的强劲经济增长。进入 21 世纪，巴西仍是全球经济增长最快的主要经济体之一，虽然近年来出现了政治动荡，经济增长速度有所放缓，但经济总量仍然可观。2018 年，巴西 GDP 总量居世界第 8 位，人均 GDP 居世界第 78 位。伴随着经济的快速发展，巴西的高等教育也在迅速扩张和发展之中。

巴西曾是葡萄牙的殖民地，但殖民者并未给巴西带来高等教育的超前发展，也没有建立起类似于欧洲的大学。直到 19 世纪初期，殖民地政府为了自身施政的需要，才在巴伊亚和里约热内卢初步建立了少量的法律、医药等方面的专业学院，如皇家军事学院、医药和护士学院等。可以说，巴西高等教育的起步是落后于南美洲其他国家的。

1889 年，巴西进入共和国时期，其高等教育呈现出崭新的发展景象，先后建立了大量医药、工程、法律等领域的学院和专业学校。1915 年，巴西出台《马克西米里亚诺法》，直接推动了巴西历史上第一所大学——里约热内卢联邦大学于 1920 年的建立❶。1927 年，巴西建立了第二所大学——米纳斯吉拉斯联邦大学。到 1930 年，巴西的高等教育体系包括了 17 所法律学院、

---

❶　朱炎军.“金砖四国”高等教育质量保障体系比较研究——基于政府管理的视角[D]. 上海师范大学，2010：12

8 所工学院、8 所医学院和 2 所大学❶。这表明巴西的高等教育已经具有了相当的规模。在瓦加斯执政时期（1931—1945 年，1951—1954 年），巴西政府非常重视高等教育的发展，建立了专门负责教育的政府机构——教育卫生部，制定实施了两部对高等教育至关重要的法律——《巴西大学条例》和《巴西高等和中等教育组织法》。"这两大法案规定了巴西综合大学的设置标准，同时为大学内部自治制度提供了法律依据"❷。这两部法律对巴西高等教育产生了深远的影响，有力地推动了巴西现代高等教育的发展。1934 年，圣保罗大学成立，这是巴西历史上第一所现代意义上的综合大学。不久，又成立了另外一所大学——南里奥格兰德联邦大学。这两所大学的成立，标志着巴西高等教育进入了新阶段。与此同时，巴西私立高等教育开始萌芽，1946年，巴西第一所私立大学——里约热内卢天主教大学成立，标志着巴西私立大学和私立高等教育的发端。

在军人执政的 20 多年里（1964—1985 年），由于军政府对高等教育非常重视，采取了许多有利于高等教育发展的政策和措施，如增加财政投入、放宽申请大学的条件等，高等教育机构数量急剧增长，使巴西高等教育进入了一个繁荣发展期，特别是私立高等教育呈现出跨越式的发展。但在军政府执政后期，由于规模扩张造成教育质量下降，巴西实施了控制高校发展的政策，削弱了对高等教育的财政投入，巴西高等教育进入了缓慢发展甚至停滞的阶段。

自 20 世纪 90 年代中期以来，伴随着全球化和经济的快速发展，巴西高等教育进入了发展的快车道。卡多佐执政时期（1994—2002 年），巴西政府将"满足低收入者家庭子女接受教育的需求"作为重要的改革方向，实施了增加私立高等教育机构、提高高等教育入学率等刺激高等教育发展的政策，同时采取建立国家课程考试制度、实施大学机构评估项目等措施，来保障高等教育的质量。在卢拉执政时期（2003—2010 年），基于工业化进程中对人才的旺盛需求，巴西通过法律，实施"全民大学计划"，帮助更多的人接受高等教育，以实现"到 2011 年高等教育毛入学率达到 30％～40％"的目标。到 2009 年，巴西高等教育在校生人数达到近 580 万，比 2003 年增长了 190万。在高等教育规模扩张的同时，卢拉政府延续了关注高等教育质量的政策，不断完善高等教育质量保障体系，如将高等教育评估制度化、改革国家

---

❶ 黄志成．巴西教育［M］．长春：吉林教育出版社，2000：37

❷ 王留栓．亚非拉十国高等教育［M］．上海：学林出版社，2001：195

课程考试制度、更加注重综合知识评价等。近年来，巴西高等教育规模仍处于扩张状态，2019 年在校生规模达 640 万人，但受政局不稳、经济增长趋缓的影响，高等教育的竞争力大幅下降，如何保障高等教育质量，是巴西高等教育面临的严峻课题。

（二）高等教育结构

根据设立主体和资金来源的不同，巴西高等教育机构分为公立机构和私立机构两种类型。根据巴西教育部的数据，2018 年巴西共有高等教育机构 2941 所，其中公立 331 所，私立 2610 所，呈现出公立高校少、私立高校远多于公立的结构形态。公立高等教育机构虽然数量少，但处于巴西高等教育系统的顶端，是巴西高等教育的代表。巴西政府向公立高等教育机构投入了大量资金，出台了一系列支持公立高等教育机构的政策，保障了公立高等教育的高质量，而且学生就读完全免费。私立高等教育机构数量庞大，是巴西高等教育的主体，承担了高等教育规模增长的主要任务，但收费高，教育质量低，文凭受认可的程度较低。私立大学是在公立大学保持规模基本稳定而需求侧日益膨胀的背景下蓬勃发展起来的。自 1999 年起，为解决高等教育的供需矛盾，巴西政府规定私立学校可以像企业一样以营利为目的，刺激了民间机构参与高等教育的热情，推动了私立高等教育机构的跨越式发展。私立学校的办学主体主要是教会和社会组织。教会举办的私立高等教育机构大多是非营利性的，遍布巴西的天主教大学就是其中的典型。社会组织举办的私立高等教育机构大多是营利性的，这些机构多附属于大型企业，是其经济实体的组成部分。经过几十年的发展，巴西营利性私立高等教育机构的数量，已经超过了非营利性私立高等教育机构。私立高等教育机构承接了巴西高等教育规模增长的主要任务，2013年，私立院校在校生达 552 万人，占巴西高等教育在校生总数的 75.4%。这充分表明了私立高等教育机构在巴西高等教育中的重要地位，但私立高等教育机构规模的迅速扩张，也带来了负面影响，就是巴西高等教育质量的下降❶。在巴西，经济条件好的优势家庭子女有更多的机会进入公立高等教育机构学习，而低收入的弱势家庭子女大多只能进入私立高等教育机构。这与巴西的中等教育结构形态完全相反。巴西的私立中学数量虽少，

---

❶ 李胜利，解德勃．金砖国家高等教育质量比较——基于 2009—2015 年《全球竞争力报告》的分析［J］．高等教育研究，2016（10）：100

但教育质量好、收费高，高收入的优势家庭子女有更多机会就读私立中学；公立中学数量多，占主体，但教育质量差，由于完全免费，就成了低收入家庭、少数族裔学生的选择。综合来看，巴西的教育对优势家庭更加有利，低收入家庭子女只能选择质量较差的教育，这就造成了教育的不平等，并进一步拉大了社会的贫富差距。

根据职能的不同，巴西高等教育机构分为大学、大学中心、技术学院、学院、培训机构等类型，而后两者统称为"非大学机构"。巴西的大学是传统的教学研究型机构，公立大学在财务、人事管理、科学研究等方面拥有较高的自主权。大学中心是教学机构，不从事科学研究工作，其办学自主权仅限于课程设置、教学等方面。技术学院是巴西政府从 2008 年开始创办的一种新型高校，全部都是公立的，主要职责是提供职业技术和工程技术方面的教育。学院是巴西存在历史最长的高等教育机构，分为综合学院和单一学院两种类型。综合学院提供多个学科领域的课程，单一学院则在政府的直接管理之下，提供单一学科领域的课程。培训机构主要进行教师培训教育工作[1]，职责是培养教师。由于非大学机构没有办学自主权，所开设的课程均需通过政府的审查和认证，因此不少非大学机构都在通过重组、合并等方式联合组建大学，以争取更大的办学自主权。

（三）高等教育政策

1. 实行"平权运动"政策，促进教育公平

巴西注重教育公平和教育机会均等。早在 1934 年，巴西政府就将"教育是每个公民的权利"写入宪法。此后的巴西政府也致力于解决教育公平问题。在 1964—1985 年的军政府时期，联邦政府特别重视高等教育的发展，在政府财政资金保障公立高等教育能力有限的情况下，大力鼓励私立高等教育的发展，私立高等教育机构迅猛增长。但由于过度重视高等教育，而忽视了基础教育的发展，给高等教育的质量提升埋下了隐患，这也是巴西落入"中等收入陷阱"的一个重要原因[2]。特别是公立、私立双轨制的结构体系，造成了高等教育入学机会的不平等，引起了社会各界的广泛关注。为了促进教育公平，巴西做出了长期努力。卢拉政府时期（2003—2010 年），巴西政

---

[1] 陈恒敏 . "金砖国家"高等学校分类体系：域外四国的经验 [J] . 比较教育研究，2019（10）：22

[2] 马盼盼 . 从教育角度试析巴西落入"中等收入陷阱"的原因 [J] . 经贸实践，2017（16）：148

府实施了"全民大学计划"行动，着力扩大高等教育规模，特别是鼓励兴办私立高等教育机构，使高等教育规模和入学率得到很大提升。2012 年 8 月，巴西国会通过了具有里程碑意义的 12711 号法律，该法要求在所有公立高校强制推行"平权运动"政策，各公立高校必须为公立中学毕业生、黑人、残疾人和低收入家庭学生预留 50% 的入学名额，并依据各州人口比例，具体确定种族配额，以提升低收入家庭、少数族裔等群体接受优质高等教育的机会❶。近 20 年，巴西政府在高等教育资源稀缺的地区新建了 17 所公立大学，优化了优质高等教育资源的区域配置，提高了民众接受高质量高等教育的机会。政府还通过国家助学金计划，为弱势群体学生提供资助。到 2017 年，巴西的高等教育毛入学率已经达到了 51.3%。通过采取"平权运动"等政策和措施，巴西高等教育在规模扩张的同时，促进了弱势群体接受高质量高等教育机会的显著提升，维护了教育公平。

2. 完善高等教育质量保障体系，努力提升高等教育质量

巴西政府通过颁布《全国教育方针与基本法》《教育部公共政策——优先项目辑要》《教育发展规划：原因、原则和项目》等法律和政策，明确了高等教育的目标和未来发展方向❷，并致力于完善高等教育质量保障体系建设。巴西建立的高等教育评价系统，包括院校及资源评估、大学质量普查和国家课程考试三个部分并不断完善。2004 年，巴西政府首次开展了学生学习成果评估，并于 2016 年对评估机制进行了改革。对本科生的学习成果评估，以全国在校生表现测试的方式进行，每三年为一个周期，测试对象是所有一年级和毕业年级的学生，测试内容包括生物科学、科学技术工程与数学、社会科学三个学科领域，旨在掌握全国高等教育的质量状况，并应用于院校绩效评价与资源配置、招生名额调控、信息公开与高等教育透明度提升等方面❸。可以说，学生学习成果评估涵盖了培养周期内学生的学习表现，能够较为完整、系统地反映巴西高等教育质量状况，对政府制定教育政策产生了积极影响。但从评估的结果看，学习成效好的学生集中在公立高校特别是少数知名大学。巴西还通过立法，明确了教师职业的专业性，强调通过教师实践能力提升来促进其专业发展，并制定教师最低工资标准来体现教师的职业

---

❶ 王永林．世界一流大学建设运动中的巴西：参与者抑或局外人——基于近 20 年高等教育发展战略的分析［J］．比较教育研究，2020（9）：26

❷ 万秀兰．巴西高等教育研究［M］．杭州：浙江教育出版社，2014：79 - 80

❸ 王永林．巴西高等教育学习成果评估：实践特色与挑战镜鉴［J］．高教探索，2020（6）：53 - 59

价值和社会地位❶。但由于实行联邦制的政治体制，联邦政府是弱管制型的，政府对高等教育的支持仅限于公立高校，而私立高等教育机构出现较晚，没有形成悠久成熟的大学自治传统，特别是近年来政局不稳，经济发展缓慢，巴西政府对高等教育的支持和保障基本失效，造成了高等教育质量下滑。根据《全球竞争力报告》的数据，巴西高等教育系统质量仅排在 132 位，不仅在金砖国家中倒数第一，也普遍落后于其他参评国家，甚至高等教育竞争力没有一项单项指标在金砖国家中排名第一❷。巴西高等教育质量提升之路任重而道远。

3. 注重解决本土问题，不热衷世界一流大学建设

巴西虽然有圣保罗大学、里约热内卢联邦大学等世界知名的高水平大学，具有建设世界一流大学的基础和资源，但在当下新兴经济体建设世界一流大学的热潮中，巴西政府并没有表现出明显的积极性，甚至没有明确出台世界一流大学建设的规划。究其根源，应与高等教育结构的失衡及质量下滑有密切关系，因此巴西政府把精力集中在解决本土问题上，采取了许多巩固和提升高等教育质量的措施。如学术传播媒介建设方面，巴西由高等教育人才促进基金会持续加大对国内学术刊物的建设投入，使期刊数量很快就提升到了世界第 20 位，位居拉丁美洲国家第一位，成效卓著；由国家财政支持建设了"科学电子在线图书馆"，供国内学者免费访问；鼓励学者在国内学术刊物上发表论文，使国内期刊发表的论文与国外期刊上发表的成果一样受到关注，甚至超过了后者；高等教育机构注重引进本国籍的师资，并注重激励他们的积极性，使得本国籍学者间合作发表的论文数量，远远超过与外国学者合作发表的论文数量。

为满足经济发展对人力资源的需求，巴西着力扩张高等教育规模，使民众进入高校学习的机会大幅提升，其高等教育已经进入普及化阶段，在发展中国家中处于领先地位。但对巴西来说，高等教育发展仍面临着诸多深层次问题，如私立高等教育规模远超公立高等教育且质量较低、学科专业远远不能适应经济增长的需要等，已经引发了广泛的信任危机，因此，巴西政府着眼于实际，集中精力和资源投入到提升高等教育整体质量和实力上来，致力于解决高等教育的本土问题。尽管巴西近年来推行了诸如加强高等教育质量

---

❶ 王建梁、武炎吉. 后发未至型教育现代化研究——以印度、巴西、南非为中心的考察 [J]. 社会科学战线，2020（3）：220

❷ 唐晓玲. "金砖国家"高等教育竞争力研究 [J]. 现代教育管理，2018（9）：123 - 128

管控、强化科学研究能力、扩大国际化等与建设世界一流大学内涵相一致的措施，但并不表示巴西政府对建设世界一流大学的热衷，而是在注重解决高等教育本土问题的全局性战略中，抓住了有利于提升高等教育整体质量并与建设世界一流大学相契合的核心要素，探寻符合巴西实际的高等教育发展道路。可以说，巴西在建设世界一流大学上有自己的逻辑，如果相关本土问题能够得到有效解决，伴随着高等教育质量的整体提升，世界一流大学就会自然出现。

4. 实施多边教育交流与合作，推进高等教育国际化

尽管高等教育发展遇到了诸多困难，巴西政府仍通过多种平台，着力推进高等教育国际化进程。在金砖国家合作机制中，俄罗斯提出的建立金砖国家网络大学的倡议，得到了巴西政府的积极响应，里约热内卢联邦大学、米纳斯吉拉斯联邦大学等 9 所知名大学被确定为成员高校。此外，巴西还发起了"美洲材料合作计划"（2002 年），与加拿大、美国、阿根廷、智利等国高校开展材料科学方面的高等教育交流与合作；与中国联合实施了"地球资源卫星计划"，合作开展空间研究，开拓产业技术创新的新途径。巴西政府还实施了"科学无国界"计划，提供资金支持本国学生赴国外高校和科研机构学习，以培养具有国际视野的高端人才。2011—2015 年，巴西政府为首期"科学无国界"计划提供了 10.1 万份奖学金，第二期继续提供了 10 万份奖学金。

二、俄罗斯高等教育

（一）高等教育发展历史

俄罗斯领土横跨欧亚大陆，是世界上国土面积最大的国家，其发展轴心位于欧洲部分。与西欧国家相比，俄罗斯的高等教育起步较晚。17 世纪末叶至 18 世纪初期，彼得一世向西欧列国考察和学习后，开始大刀阔斧地对俄国进行西式化改革。高等教育是彼得一世改革的重要方面。1701 年，彼得一世签署命令，在莫斯科成立了第一所技术学校——数学与航海科学学校，这是俄罗斯高等教育的开端。在彼得一世的努力下，俄罗斯相继建立了一批造船、炮兵、矿业、工程技术、建筑等专科学校，并于 1724 年颁布了在彼得堡成立俄罗斯科学院的敕令。1725 年，叶卡捷琳娜一世宣布建立俄罗斯科学院。1755 年，俄罗斯参照牛津大学和剑桥大学的模式，建立了俄罗斯历史上第一所大学——莫斯科国立大学。此后，随着工业、商业和航海业的快速发展，对相关领域的高层次人才需求迫在眉睫，俄罗斯又相继创建了俄罗斯矿业学校、彼得堡交通工程学院、彼得堡实用工艺学院等一批高等院校。至十月革命前，俄罗斯的高等教育发展历程，走的是一条"全盘西化"的发展道路，虽然起步较晚，但发展迅速。到 1917 年，俄罗斯已经形成了以各种高等专科学校、科学院和大学为标志的高等教育体系，高校总数达到 204 所❶。

十月革命胜利以后，新成立的苏维埃政权受到西方资本主义国家的围攻和封锁。为了巩固红色政权和加快经济发展，苏联进行了大规模的工农业建设，在这样的背景下，迫切需要大量的干部、专家等高素质人才。为适应国民经济发展的需要，苏联政府采取多种措施大力发展高等教育，兴办了大批高等工业专门学校。经过苏联政府的不懈努力，高等教育规模迅速扩张，到第二次世界大战前，苏联境内的高校数量达到了 871 所，在校生有 81 万人❷。

第二次世界大战期间，苏联的高等教育受到了严重破坏。战后，为了迅速恢复和发展经济，苏联政府在极端困难的情况下加大了对高等教育的投入，使高等教育得到迅速恢复，1946 年的高校招生人数就达到了战前水平。此后，为应对与西方资本主义阵营的冷战对抗，苏联坚持把高等教育作为发展的重点领域，以期提高高等教育和科技水平，培养高素质的建设专家，并取得了突出成就。到 1970 年，苏联的高等教育在校生人数达到 458 万，是 1956 年的 2.29 倍，每千名职业居民中，具有高等和中等教育程度的人数为 100 人❸。20 世纪 70 年代后，在高等教育规模大幅扩张的基础上，苏联政府将建设重点逐步转向高等教育质量，先后于 1972 年出台《关于进一步改进高等教育质量的措施》、1979 年出台《关于进一步发展高等学校和提高专家培养质量的决议》、1987 年出台《高等和中等专业教育改革的基本方针》等文件，指导高校加强质量建设，使得高校的办学条件和师资配备得到很大改善，学生的学习成效显著提升。俄罗斯联邦是苏联最大的共和国，其高等教育在苏联具有很强的代表性，体系完备、管理周密、规模扩张是其显著特征。到 20 世纪 80 年代初，俄罗斯联邦的高校总校约为 500 所，在校生超过 300 万❹，这是苏联解体后俄罗斯高等教育发展的坚实基础。

❶ 许庆豫. 国别高等教育制度研究 [M]. 徐州：中国矿业大学出版社，2004：140
❷ 顾明远. 战后苏联教育研究 [M]. 南昌：江西教育出版社，1991：29
❸ 顾明远. 战后苏联教育研究 [M]. 南昌：江西教育出版社，1991：51 - 53
❹ 高凤仪，石湘秋. 当今俄罗斯教育概览 [M]. 郑州：河南教育出版社，1994：116

　　1991 年苏联解体，俄罗斯继承了原苏联包括高等教育在内的大部分资产。此时的俄罗斯高等教育受到政治、经济等多方面的冲击，国家财政支持资金不足，教师流失巨大，大量学生学业被迫中断，高等教育处于风雨飘摇之中。经历过几年的冲击后，俄罗斯经济逐步好转，高等教育再次回到政府关注的视野，着手对高等教育实施大力改革与发展。俄罗斯政府改变了原苏联时期高等教育全部由国家主办和中央集中管理的模式，实施"自由化"和"办学主体多元化"的发展道路。1992 年 7 月，俄罗斯通过了《俄罗斯联邦教育法》，确立了"教育作为社会、国家优先发展领域"的法律地位。紧接着，俄罗斯高等教育委员会（简称"高教委"）制定并颁布了《高等教育领域国家政策基本条例》。1993 年 6 月联邦政府制定了《高等学校示范条例》，颁布了《联邦教育发展纲要》。1994 年 8 月，俄罗斯政府公布了《俄联邦高等教育的国家标准》。1995 年俄罗斯国家杜马原则上通过了《关于高等教育、大学后教育和补充教育法律的制订计划草案》❶。1996 年，俄罗斯修订了《俄罗斯联邦教育法》，改变政府完全主办高等教育的格局，支持高校办学主体多元化发展，随之快速涌现出了一批私立高校。同时，改变中央统一管理高校的模式，实行联邦、部门、联邦主体三级管理的分级管理模式。由此，俄罗斯出现了国立（联邦）、地方（共和国和地区）、私立三种高校类型❷。通过管理权切块式改革，使得俄罗斯高等教育规模在经历低谷后迅速恢复和扩张。到 1999 年，俄罗斯的高校数量增加到 939 所，其中包括非国立高校349 所，高校人数到 2000 年增长到 129 万。但由于规模扩张过快且私有化严重，带来了许多问题，如政府财政投入不足、商品化倾向严重、教育腐败现象频现等，导致高等教育质量下滑。俄罗斯政府很快就注意到了这些问题，着手加强高等教育质量建设，于 20 世纪 90 年代末建立起了高等院校的综合评估制度，并取得了一定的成效。进入 21 世纪，在普京的强力领导下，俄罗斯将高等教育作为发展的优先选项之一，出台了一系列新的改革措施，如恢复国家在高等教育中的责任、加入博洛尼亚进程、实行国家统一考试、改革学位和专业体系及课程结构、建立高等教育质量评估制度等，来推动高等教育的发展。到 2007 年，俄罗斯的高校数量达到 1090 所，其中国立高校660 余所，私立高校 430 余所，在校生达到 731 万人。近年来，由于受到欧美资本主义国家经济制裁的影响，俄罗斯的高等教育竞争力排名有所下滑，

---

❶　杨雅雯，刘振天，俄罗斯高等教育改革与发展的特点［J］．上海高教研究，1998
(5)：63

❷　韩琳．俄罗斯高等工程教育历史变革研究［D］．重庆：重庆大学，2007：28

但通过一系列的改革措施，保障了高等教育规模、水平与质量的地位，特别是高等教育毛入学率在 2015 年达到 76.1%，不仅在金砖国家中稳居第一，在全球排名中也名列第 18 位。

（二）高等教育结构

以办学主体为标准，俄罗斯高等教育分为公立和私立两部分。公立高等教育由国家主办，在财政上给予大力支持，教育质量高，对比私立高等教育占据绝对优势。有数据显示，80% 以上的俄罗斯大学生就读于公立高校。私立高等教育是在苏联解体后才发展起来的，存在办学历史较短、教育经费短缺等问题，教育质量与公立高等教育相比大相径庭，但对公立高等教育而言，私立高校无疑是对公立高校的有益补充，对俄罗斯高等教育保持高入学率做出了积极贡献。

以教育机构类型为标准，俄罗斯高等教育可以分为综合大学、专业大学和专业学院三种类型。综合大学的学科覆盖面广，师资力量强，经费较为充裕，办学实力强，是俄罗斯的科研、科学家中心和培养高级人才与师资的基地，主要进行广泛的基础研究和应用研究，培养、培训高级科研人员[1]，在俄罗斯高等教育体系中占据领先地位。莫斯科国立大学是俄罗斯综合大学的典型代表，也是当今世界最著名的大学之一。专业大学是指学科覆盖面集中在单科或少数学科领域，培养专而精人才的大学，侧重于某一学科领域的基础研究和应用研究，是本学科领域的研究中心。苏联为高等教育大国，但不均衡的学科建设导致了重理轻文现象。苏联解体后，俄罗斯从计划经济转向市场经济，为适应国家政治、经济体制转轨与急剧变革导致的国民经济各个领域的深刻变化与发展，出现了对人文学科、经济管理人才需求量大，理工科人才过剩的现象。有些专业方向因社会上无人才需求而招不到学生，文理科人才比例失调严重，亟须调整，促使专业高校开辟新的诸多专业，促进了专业大学向综合大学转型。国立鲍曼技术大学是俄罗斯专业大学的代表，其前身是于 1830 年成立的技术学校，后来又成为皇家科技学校。该校是一所传统的以工程技术教育为主的专业性的工程技术大学，培养了许多世界知名的科学家和工程师。苏联解体后，国立鲍曼技术大学调整了发展思路，举办了信息科学、国际经济、社会学等不属于技术大学的专业，在保留"专"的

---

[1] 陈恒敏."金砖国家"高等学校分类体系：域外四国的经验［J］.比较教育研究，2019（10）：23

基础上，广开急需专业，加快了国立鲍曼技术大学向综合性大学发展❶。专业学院是单科性质的、体量较小的高等教育机构，侧重于为本学科领域培养人才并提供进修服务，进行基础的或应用的科学研究工作❷。俄罗斯有大量的农业、师范、医学、经济、艺术、体育类单科性的专业学院，如圣彼得堡列宾美术学院、莫斯科谢东诺夫医学院等，主要任务是培养专门型人才。

（三）高等教育政策

1. 加强教育立法，推进高等教育改革

俄罗斯是世界教育文明大国，国民整体文化素质较高，1985 年的高等教育毛入学率即达到 54.3%。苏联解体后，俄罗斯联邦政府不甘于高等教育破绽百出的困局，持续加强立法、推进改革，使高等教育逐步复苏并迎来新的生机。

1992 年 7 月，在苏联解体仅半年后，俄罗斯即颁布了第一部《俄罗斯联邦教育法》，表明了政府复兴教育的决心。之后不到 4 年，俄罗斯就对《俄罗斯联邦教育法》进行修订，并于 1996 年 1 月生效。正是这部法律，改变了俄罗斯由政府单一举办高等教育的格局，允许个人、企业、社会团体或宗教组织等多种办学主体共存，并扩大了高校的办学自主权。2012 年 12 月，俄罗斯再次对《俄罗斯联邦教育法》进行修订，并于 2013 年 9 月施行。这部法律将高等职业教育体系与大学生职业教育（即研究生教育）统称为高等教育❸。

1992 年，俄罗斯颁布《关于在俄罗斯联邦建立多层次的高等教育结构的决议》，提出将高等教育分为不完全高等教育、基础高等教育、完全高等教育三个层次。1996 年，俄罗斯颁布了《联邦高等和大学后职业教育法》，正式确立了高等教育的多级体制。2007 年，俄罗斯政府颁布《两级教育体制过渡法》，新的法律规定俄罗斯的高等教育将分为两个阶段：3～4 年的学士学位教育和 6 年的硕士学位教育。1994 年，俄罗斯颁布了《高等职业教育国家教育标准》，对高校的培养方向和专业目录进行了明确划分，目的是加强基础高等教育，更加突出基础性和通用性。2006 年，俄罗斯政府又着眼于能力观，构建了新一代的高等教育国家标准。

---

❶ 赵伟，陈刚. 从国立鲍曼技术大学看俄罗斯高等工程教育 [J]. 清华大学教育研究，1998（1）：54

❷ 黄福涛. 外国高等教育史 [M]. 上海：上海教育出版社，2003：425

❸ 王祎. 俄罗斯国家教育标准与应用型人才培养 [J]. 世界教育信息，2015（24）：33

2008 年，俄罗斯时任总统梅德韦杰夫签署总统令——"联邦大学令"，决定拨款组建联邦大学，计划以现有大学为基础，到 2020 年组建 10 所联邦大学，以冲击世界大学 100 强❶。

2018 年，俄罗斯颁布《俄罗斯国家教育方案》，该方案由 10 个联邦级的计划组成，主要目标是提高俄罗斯教育的国际竞争力❷。在高等教育国际交流与合作方面，俄罗斯建立了规范性的教育服务系统化出口法律体系，在大力吸引外国留学生到俄罗斯高校留学的同时，积极参与金砖国家框架下的高等教育交流与合作，尤其是与我国高校间的交流与合作非常密切，联合举办了许多中俄合作办学项目和机构，促进了中俄两国高等教育的交流与合作。

2. 鼓励社会组织参与高等教育

从 20 世纪 90 年代起，为补充公立高等教育的不足，俄罗斯开始允许公民个人、社会组织、宗教团体等举办私立高校。为此，俄罗斯在全国各地设立了私立高校许可证颁发验收中心，以及 7 个私立高等教育发展基地。由此，俄罗斯的私立高等教育蓬勃发展起来，公民个人和社会团体参与高等教育，成为完善俄罗斯高等教育体系的重要助力，也是俄罗斯高等教育发展的重要保障。私立高等教育扩大了公民接受高等教育的机会，满足了公民的求学需要；培养社会急需人才，满足了当时的市场需求。但是私立高等教育在发展上面临着诸多制约。总的来说，私立高校在社会上的认同度较低，俄罗斯政府没有赋予私立高校与国立高校平等的地位，2010 年私立高等教育机构数量一度到达高峰，但由于俄罗斯高等教育资源渐趋饱和，且公立高校开始招收合同生，近几年来私立高校数量呈减少趋势。

企业是俄罗斯私立高等教育发展的重要力量。俄罗斯政府为鼓励企业参与高等教育，出台了许多法令和政策措施，并投入了大量财政资金予以支持。2006 年 6 月，俄罗斯大学校长联合会与俄罗斯工业企业联合会、工商协会等组织签署了战略伙伴协议，为企业参与高等教育提供了保障机制❸。2010 年 4 月，俄罗斯颁布《高等教育与高科技产业合作发展的联邦支持》，提出公司与大学合作，政府将资助其一半的科研与发展经费；大学要想获得

❶ 孙伦轩，陈·巴特尔."金砖国家"的高等教育转型：内外冲击与国家回应 [J]．高教探索，2017（10）：62

❷ 李明华，梅汉成，于继海．2018 年俄罗斯教育发展概况 [J]．世界教育信息，2019（5）：19 - 20

❸ 李艳秋．俄罗斯高等工程教育人才培养保障机制研究 [J]．世界教育信息，2011（5）：65

政府资助，必须先获得合作企业的资金注入。这是俄罗斯推进高校与企业合作、创建企业型大学的大胆尝试。这部法令公布后，大约有 700 所大学提出了申请，其中约 100 所大学获得了政府资金支持。2009—2012 年，俄罗斯政府通过税收激励政策，鼓励企业开展内部培训，允许企业将内部培训经费转入到产品成本中，支持国家和企业在继续教育领域的合作。俄罗斯政府鼓励企业与大学之间开展合作，能源、航空航天、环境管理、信息与电信系统、生物、纳米技术等，是最受欢迎的合作领域。无线电电子国立大学与托姆斯克控制系统的校企合作，是一个典型的成功案例。俄罗斯政府还支持企业参与高校的管理，高校毕业生论文答辩鉴定委员会中，有部分成员就是由企业和社会组织的代表担任的。

3. 改革专业设置和课程结构

专业设置精而窄是俄罗斯高等教育的显著特点，在苏联时期即已存在，虽然政府早就意识到这一问题，并进行过三次大的专业调整，但没有破解实质性问题。苏联解体后，俄罗斯政府开始酝酿对专业设置进行改革。1994年，俄罗斯联邦高等教育委员会公布了新的培养方向和专业目录，包括两大类：一大类包括 89 个培养方向，按宽方向培养人才；另一大类包括 420 个专业，按窄方向培养人才。从 1994 年的培养方向和专业目录来看，延续了俄罗斯高等教育重视工科教育的传统，工科和技术类专业的比例占 52.5％，并增加了 4 个跨学科的类组，还对一些专业设置进行了调整。2000 年，俄罗斯再次对高等教育培养方向和专业目录进行调整，培养方向和专业总数由 509 个压缩到 349 个，专业面得到扩展，特别是工科和技术类，无论是学士、硕士还是专家文凭的培养，都不再有窄方向的专业，而只有更加宽泛的培养方向。至 2015 年第三代国家教育标准体系推出后，学士层次共 185 个专业方向，硕士 201 个专业方向，专家 123 个专业方向，共计 509 个专业方向。从改革方向上看，俄罗斯力图改变专业设置较细的状况，使得人才培养方向更加宽广，但实施效果并不明显，人才培养的方向性仍很强，学科交叉、专业整合的格局仍未形成。

在课程改革方面，俄罗斯也在进行改革，总的方向是从"统一化"向"多样化"转变，注重"以人为本"。苏联时期高校的课程是"统一化"的，有统一的教学大纲、统一的教材和教学内容，以"千人一面"的培养方式培养学生。2000 年，俄罗斯通过颁布国家教育标准，制订了示范性教学计划，供各高校制订教学计划时参考，但不要求强制执行。这就打破了统一的教学计划和课程结构，各高校可以根据自身的特点和需要来灵活地制订教学计划，因此使课程结构更加多样化。以俄罗斯高等教育莫斯科国家示范性教学计划为例，任何一个培养方向的课程，都由国家考试类基础课程、数学和自然科学性基础课程、职业基础性课程、专业课程和选修课程五类课程组成，前三类课程又分别包括联邦级、地区级和学生自主选择三类课程。从课程结构的总体情况看，地区级和学生自主选择的课程占有相当大的比例，体现了课程结构多样化的特征，且强化了通识教育，将人文学科列入比较重要的地位，契合了全球高等教育的发展趋势。

三、印度高等教育

（一）高等教育发展历史

1. 殖民地时期的高等教育

印度高等教育发轫于 18 世纪后期的英国殖民时期。1781 年，第一任孟加拉总督首先创建了加尔各答马德拉萨学院，1792 年东印度公司在贝纳勒斯创建了梵语学院，1800 年东印度公司创建了福特·威廉学院❶。早期的印度高等教育由英国殖民者和少数印度上层精英把控，目的是为印度精英阶层提供教育，以帮助他们进入殖民政府的官僚机构工作，维护英国对印度的殖民统治。

19 世纪，印度高等教育开始涉及数学、机械等自然科学。1835 年，印度历史上第一所医学院——加尔各答医学院宣告成立。19 世纪中后期，印度国立、私立高等教育都得到较快发展。1857 年，英印政府在其治下的金奈、加尔各答和孟买三个中心城市，仿照伦敦大学模式创建了三所国立的"联邦大学"❷。这三所大学是管理机构而不是教学机构，其职能像伦敦大学一样，负责颁发教育文凭和管理附属的学院，附属的学院才是真正的教学机构，能够进入"联邦大学"学习的学生，都是完成了中等教育的精英群体。私立高等教育在自由放任思想的影响下，也获得了较快发展。到 19 世纪 90 年代，印度已经建立了 5 所大学和 27 所学院❸。

伴随着印度高等教育的较快发展，产生了教学质量下降、学术标准降低

---

❶ 王长纯. 印度教育 [M]. 长春：吉林教育出版社，2000：56

❷ 孙伦轩，陈·巴特尔. 试论印度高等教育转型中的政府作用 [J]. 高教探索，2018 (2)：61

❸ 王长纯. 印度教育 [M]. 长春：吉林教育出版社，2000：366

等问题，引发了民众对英印殖民政府的抨击。英印殖民政府的一些有识之士试图对高等教育进行改革。1904 年，由于伦敦大学模式已不适应社会发展需求，英印殖民政府公布了《印度大学法案》，提出要提高高等学校的办学标准，设立大学附属学院必须具备相应的基本条件，允许建立没有附属学院的单一制大学（纯教学机构），并承认大学的自治权。1916 年，印度高等教育史上的第一所单一制大学——贝纳勒斯印度教大学成立，标志着印度高等教育进入了新阶段。1919 年，英印殖民政府颁布《印度政府法案》，决定对高等教育的管理体制进行改革，将高等教育的管控权由中央政府让渡给地方邦政府。这一法案促进了一批新大学的建立和旧大学的重组，联邦大学及其治理结构在地方邦政府的管理下被重新建立起来。1921 年，英印政府负责对高等教育提出建议的加尔各答大学委员会提出了《推进大学和学院教育的政策建议》的报告，建议"扩大大学和学院教育；增加教育投入；提高新大学的教育质量"❶。该报告有力地促进了印度高等教育的快速发展，特别是高等院校数量得到极大扩充。到 1947 年，印度已经拥有 20 所大学、626 所各类学院❷。

综观殖民地时期的印度高等教育，国立的"联邦大学制"是其主体和基本特征，大学作为管理机构归政府所有和运营，大学的附属学院由私人控制，高等教育主要服务于精英阶层。殖民政府负责制定高等教育政策，但没有深度参与高等学校的管理，高等教育管理权由地方邦政府掌握，但由于地方邦政府的财政权力缺位和民主政治缺失，使得高等教育实际控制在地方精英手中。

2. 尼赫鲁时期的高等教育

1947 年印度独立为一个联邦制国家。根据 1950 年印度宪法对联邦权力分配的规定，教育由各地方邦负责，但印度宪法又赋予了联邦政府很大的教育管理权，这极大地削弱了地方邦政府的权力，有学者将印度的教育治理结构称为"准联邦制"❸。由尼赫鲁控制的国大党，无论在联邦层面还是地方邦，都牢牢地掌控着政府权力。为满足印度工业化发展的需要，印度宪法赋予联邦政府的高等教育管理权得到有力扩展。这一时期的印度联邦政府不仅负责协调和制定高等教育的各项标准，同时也向全国性的科学和技术教育机

❶ 许庆豫. 国别高等教育制度研究［M］. 徐州：中国矿业大学出版社，2004：216
❷ 王留栓. 亚非拉十国高等教育［M］. 上海：学林出版社，2001：68
❸ 邱成岭. 印度联邦主义国家形成的路径依赖［J］. 云南行政学院学报，2016（2）：72

构提供资金支持。

独立后的印度开始着手对高等教育进行改革。1948 年成立了大学委员会，负责对大学的改进发展提出建议，该委员会提出的建议包括建立新的教育制度、高等教育向全社会开放、教育的发展应与社会发展目标相一致等。1964 年成立了"科塔里委员会"，该委员会提出要对传统的教育体制进行改革，认为高等教育应当为国家和民众谋福利，因此要不断提高高等教育质量，以满足社会发展的需要。在改革的背景下，印度不断加大对高等教育的扶持力度。1950—1961 年，由印度联邦政府统一管理的印度理工学院建立起来，联邦政府和地方邦政府共同推进的区域性职业学院也得以成立，同期的高等教育经费增长了 3 倍多。各地方邦政府也在高等教育发展上施力作为，开始将一部分由联邦政府拨付的经费用于私立学院的运营，以便在公立大学招生数额有限的情况下录取更多的学生。借助这一途径，地方邦政府掌握了私立学院的课程设计、学费标准、教师聘用及工资等核心权力，使得联邦政府丧失了私立学院的控制权而由地方邦政府把控。到尼赫鲁执政晚期，印度高等教育呈现出显著的两极分布的特征，联邦政府控制的公立高校招生数量少，但质量高；地方邦政府控制的私立学院招生数量大，但质量较差，虽然满足了民众接受高等教育的需求，却随着入学率的不断攀升，导致高等教育质量的总体下滑。

3. 英迪拉·甘地时期的高等教育 （1966—1984 年）

曾两度担任印度总理、执政长达 16 年的英迪拉·甘地更加关注农村和贫困问题，这一时期印度政府的执政重心开始从促进工业化进程转向促进社会公平。在高等教育上，表现为从注重精英教育向大众化教育转变。《1966 年教育委员会报告》和《1968 年国家教育政策》强调多语种教学、农业教育和成人继续教育的重要性❶。针对高等教育下滑的问题，联邦政府要求减缓高等教育的扩张速度，只有在兼顾资金和质量要求的情况下，才给新建高校颁发许可证。印度第五个"国家发展五年计划"（1974—1979 年），强调将高等教育标准作为发展的重点。在联邦政府、地方邦政府对高等教育权力划分上，1976 年的印度宪法规定地方邦政府主要负责高等教育的供给，联邦政府主要负责监管质量，由此形成了印度高等教育的中央—地方分层管理的模式形态，全国教育工作由联邦人力资源发展部统筹负责，地方邦政府也有一套

---

❶　孙伦轩，陈·巴特尔．试论印度高等教育转型中的政府作用［J］．高教探索，2018（2）：62

自己的高等教育管理系统，负责本邦的高等教育管理工作。

4. 改革转型期的高等教育（1984 年至今）

1984 年英迪拉·甘地执政结束，被认为是印度政治民主化的开端，印度开始进行经济改革，逐渐由计划经济向市场经济转变，并融入私有化、全球化进程。在高等教育上，表现为由集权管理向引导扶持转变。1986 年印度出台的《国家教育政策》和 1992 年出台的《国家教育政策行动计划》，试图引导印度高等教育进入兼顾数量与质量协调发展的形态❶。2007 年印度"十一五"高等教育规划提出的发展思路是：通过外延扩张扩大办学规模，注重地域均衡分布，增加农村地区和边远落后地区的高校布点，增加就学机会，校际均衡配置教育资源，变个别重点资助为面向全体高校，既保障有公平的机会，也保证每个学生都能接受有质量的高等教育❷。从中可以看出，印度政府将高等教育的核心价值取向定位为公平，发展路径是规模与质量并重。2012 年印度"高等教育'十二五'规划"，提出了高等教育的扩张、公平、卓越三大发展理念，并从治理改革、资金保障等方面提出了实现路径❸。

规模迅速扩张是这一时期印度高等教育的显著特征，特别是 2000 年以来，印度高等学校数量以令人震惊的平均每天增加 6 所的速度高速增长，年平均增长率达 23.5%❹。据印度政府的统计，到 2017 年，全印度有 864 所大学，但真正进行本科教育的附属学院竟有 4 万多所❺，并仍在迅猛扩张之中。由于高等教育扩张过快，导致了严重的教育质量问题，被称为"过度的扩充""无情的扩充"❻。独立后的 70 年间，印度大学层次的高等教育机构增长了 25 倍，学院层次的高等教育机构增长了 60 多倍，高校数量排名全球第一，在校大学生数量排名全球第二，仅次于中国。高等教育毛入学率在 2006 年

---

❶ 朱炎军."金砖四国"高等教育质量保障体系比较研究——基于政府管理的视角 [D]．上海：上海师范大学，2010：10

❷ 李建忠．第十一个五年：印度教育以质量促公平 [J]．云南教育，2008（10）：17

❸ 唐晓玲．印度提升高等教育竞争力的政策举措与实施效果 [J]．教师教育学报，2018（2）：105

❹ 孙伦轩，陈·巴特尔．试论印度高等教育转型中的政府作用 [J]．高教探索，2018（2）：63

❺ 潘闻舟．二十一世纪以来印度学位管理机制变革研究 [D]．金华：浙江师范大学，2019：26

❻ 唐晓玲．印度提升高等教育竞争力的政策举措与实施效果 [J]．教师教育学报，2018（2）：104

为 11.5％，2014 年达到 17％，2018 年达到 28％ [1]，顺利实现了高等教育大众化的目标。

（二）高等教育结构

印度的高等教育系统由大学和各类学院组成。

印度的大学包括中央大学（45 所）、邦立大学（351 所）、名誉大学（123 所）和私立大学四种类型。在印度，大学拥有自治身份，具有高度的自治权，通常具备完整的学位体系。中央大学隶属于联邦人力资源发展部直接管理，面向全国招生。邦立大学隶属于各地方邦管理。中央大学和邦立大学的经费由政府划拨，办学得到充分保障，因而吸引了高素质的生源，办学水平高，其地位和教育质量都处于印度高等教育系统的顶端，代表着印度高等教育在全世界的影响力和竞争力。名誉大学是对不具备"大学资格"但办学绩效优异的高等教育机构的一种"表彰"，一旦被认定为荣誉大学，就表明这个高等教育机构具有了大学自治身份，拥有高度的办学自主权 [2]。私立大学的发展历史较短，2002 年才得到政府承认。名誉大学和私立大学在经费保障、生源质量方面，与中央大学和邦立大学相比都逊色不少。

从组织体系角度看，印度的大学又可分为附属型大学和单一制大学。附属型大学是受英国殖民统治影响，仿照英国伦敦大学模式建立的大学，在大学本体之下，有数量不等的附属学院。附属型大学的本体具有学位授予权、对附属学院的管理权和教学质量管控权，是典型的英式大学型的管理机构，同时负责培养研究生和一定的科学研究工作。附属于大学的学院是完全独立的教学实体机构，有自己的管理团队和师资队伍，负责本科生的培养工作，但由于不能自行颁发文凭和授予学位，因而必须依附于大学本体而存在。印度不少办学历史悠久、拥有良好声誉的大学都是附属型大学。单一制大学是指能够独立颁发文凭和授予学位的大学。名誉大学和私立大学都是单一制大学。

学院是印度高等教育结构体系的主要形式。除附属学院外，还有大量的包括公立和私立在内的非附属学院。一些公立学院具有很高的教育质量，在全球享有盛誉，如印度理工学院、班加罗尔印度科学学院、印度科学教育与研究学院等。印度有 101 所国家重点学院（2018 年），其职能主要是进行科学研究。印度在独立后曾一度对私立高等教育持否定态度，主张私立教育公

---

[1]　王建梁，武炎吉．后发未至型教育现代化研究——以印度、巴西、南非为中心的考察［J］．社会科学战线，2020（3）：218

[2]　宋鸿雁．印度私立高等教育发展研究［D］．上海：华东师范大学，2008

有化，但为了扩张高等教育规模、提高弱势群体接受高等教育的机会，逐步放开了对私立高等教育的限制，1986 年的国家教育政策开始鼓励私立学院获得办学自主权，促进了私立高等教育机构的大幅度增长。到 2018 年，仅私立技术教育机构就有 8000 多所，占印度技术教育机构的 80%❶。大量的私立学院由地方邦批准建立，虽然为提升高等教育入学率做出了积极贡献，但由于不受政府资助，学院的经费筹措能力较弱，在校生规模小且教育质量明显低于公立高校。如 2008 年印度建立了 1691 所涵盖工程、技术、建筑、农业、医学等领域的新式技术院校，平均在校生数量不到 1000 人。

（三）高等教育政策

1. 实施平权行动，促进高等教育公平

印度高等教育长期存在着不公平的现象。殖民地时期的高等教育的服务对象是精英阶层，平民基本上没有接受高等教育的机会。独立以后特别是英迪拉·甘地执政时期，印度政府开始关注高等教育公平问题，思想意识上逐渐向平民立场靠拢，通过扩张高等教育规模来提升弱势群体学生接受高等教育的机会，希望实现精英教育扩张和教育公平的双重目标。20 世纪 90 年代起，印度政府实施了平权行动，期望达到更高层次的教育公平。印度宪法明确提出高校应当为弱势群体学生保留 22.5% 的学位。各地方邦政府也获得了平权行动的权力并大力推进，使得少数民族的受益人数达到了宪法规定的两倍多，且在公立高校和私立高校都得到有效施行❷。但由于印度政府对中等教育的重视度远低于高等教育，中等教育的入学率很低而辍学率却很高，最终能拿到毕业证的学生锐减，并呈现出贫困代际传递的特征，导致高等教育的生源不足，更加剧了高等教育的不公平。

2. 高等教育管理体制的变革与权力冲突

印度的高等教育管理体制一直在分权与集权之间徘徊，并由于党派之争，使联邦政府与地方邦政府在高等教育管理权上产生了许多对立和冲突。在殖民地时期，高等教育的管理权最初是由英印政府掌控的，1919 年英印政府颁布了《印度政府法案》，决定对高等教育管理实行分权制改革，高等教育管理权被让渡给了地方邦政府。印度独立以后，国大党一党独大，牢牢掌握着联邦和地方邦政府的权力，并学习苏联模式建立了中央高度集权的政治

---

❶ 王建梁，武炎吉. 后发未至型教育现代化研究 [J]. 社会科学战线，2020（3）：222
❷ 孙伦轩，陈·巴特尔. 试论印度高等教育转型中的政府作用 [J]. 高教探索，2018（2）：62

体制和经济体制。1950 年的印度宪法虽然规定高等教育的管理权由地方邦政府所有，但联邦政府对高等教育仍享有很大的控制权。1976 年修订的印度宪法规定高等教育由联邦政府和地方邦政府共同负责，二者在教育政策制定方面的地位相等，但事实上联邦政府的权力更大。而地方邦政府不甘于联邦政府在高等教育管理权上的压制，对中央集权行为有很多的不满和抨击，并通过掌控联邦大学和私立学院的核心权力，实质上掌握了高等教育的控制权。特别是在非国大党执政的地方邦，对国大党中央集权式的高等教育管理反抗得更加强烈。在 20 世纪 80 年代前期，无论是联邦政府还是地方邦政府，对高等教育的管理都呈现出权力越位的特征，突出表现在政府直接插手高等教育的微观管理，干预高校的事务管理，高校办学必须执行政府的行政指令，政府与高校间存在明显的上下级依附关系❶。这一时期的印度高等教育呈现出中央政府资助精英教育、地方邦政府负责普通高等院校的格局。20 世纪 80 年代后半期，印度开始实施经济改革，逐步改变中央高度集权的模式，向市场化、私有化和全球化转变。地方性政党的崛起，改变了印度政坛"一强多弱"的政党格局，高等教育的管理权开始由联邦政府向地方邦政府下移。联邦政府也有意减弱对大学的控制，2003 年大学拨款委员会试图通过下放课程设置权、评估权，以减少大学对附属学院的控制，但实施效果不佳，大学本体仍控制在联邦政府手中。地方邦政府不断对联邦政府的高等教育管理权发起挑战，牢牢掌握了联邦大学的控制权，导致联邦层面关于高等教育质量保障的措施无法有效落实。地方邦政府追求以较低成本迅速提升入学率而建立了大批学院，但无暇顾及教育质量，造成学院普遍存在教育经费不足、教学设备短缺、师资队伍不合理等诸多发展瓶颈，严重降低了印度高等教育的质量❷。因此，除了像印度理工学院等受联邦政府控制的精英大学的经费和教育质量有切实的保障外，大多数印度普通高校的教育质量是令人担忧的。

3. 建设世界一流大学，提升高等教育全球竞争力

印度虽然有许多教学质量不佳的学院，但依靠数量不多的大学和国家重点学院，培养出了规模仅次于美国的能够熟练使用英语的专门人才队伍、长期位列全球前三的工程技术及优秀的 IT 技术、生物技术、空间技术人才，促进了印度在全球 IT、生物技术、制药行业占据领先位置，彰显了印度高等教育的全球竞争力。从 2010—2015 年《全球竞争力报告》可以看出，印度

---

❶ 赵学瑶. 印度高职教育治理中的政府行为［J］. 教育与职业，2018（7）：81

❷ 赵学瑶. 印度高职教育治理中的政府行为［J］. 教育与职业，2018（7）：83

高等教育质量排名在 40 位左右浮动，在金砖国家中列第一位，再加上具有全球数量最多的高校、仅次于中国的在校生规模，充分表明印度高等教育发展潜力之巨大。

随着经济的持续增长、综合国力的迅速提升，印度丝毫不掩饰其大国崛起的雄心。事实上，印度首任总理尼赫鲁早在独立前的 1944 年，就用豪言壮语为印度的未来定位："印度以它现在所处的地位，是不能在世界上扮演二流角色的。要么就做一个有声有色的大国，要么就销声匿迹。中间地位不能引动我。我也不信任任何中间地位是可能的。"❶ 大国理想是印度历任领导人矢志不移的追求目标。长期以来，印度将成为联合国常任理事国作为实现其大国梦想的重要途径。1979 年，印度联合日本及 12 个不结盟国家向联合国大会提交了改革草案，试图从增加非常任理事国席位中分一杯羹。2004年，印度与德国、日本、巴西组成四国集团共同向联合国施压，谋求联合国常任理事国的席位。虽然屡屡受挫，但印度从未放弃成为世界大国的努力。金砖国家机制建立以后，印度一开始持怀疑态度，但很快就转为坚定支持。在 2010 年的金砖国家第二次峰会上，印度总理辛格表明了对金砖国家机制充满期待的态度。此后，印度对金砖国家机制的态度越来越积极，希望通过参与金砖国家机制，为其大国崛起进行战略布局。

印度的大国理想反映在教育上，体现为对高等教育异乎寻常的重视，致力于高等教育的优先发展。1950 年的印度宪法虽然确认了教育归地方邦政府负责的分权原则，但掌握联邦政府权力的国大党牢牢控制着高等教育❷。1950—1961 年，印度联邦政府在财政资金非常紧张的情况下，依然坚定地促成了第一批中央集中管理的印度理工学院的成立。此后的历届印度政府从未放松发展高等教育的努力。在中等教育不受重视、与高等教育形成"蘑菇云"的发展形态下，印度政府通过迅速扩张高等教育规模，很快实现了高等教育的大众化。进入新世纪，印度政府一方面注重促进高等教育公平，以实现"高等教育要向每一个印度公民提供平等的入学机会"的目标，但同时也致力于发展壮大世界一流大学，以提升印度高等教育的全球竞争力。

在宏观政策上，印度政府坚持以提高质量为核心的高等教育发展目标，制定了一系列建设世界高水平大学的政策和规划。2012 年印度"高等教育

---

❶ ［印］贾瓦哈拉尔·尼赫鲁. 印度的发现［M］. 齐文 译. 北京：世界知识出版社，1956：57

❷ 孙伦轩，陈·巴特尔. 高等教育转型中的国家行为——"金砖国家"的实践及经验［J］. 清华大学教育研究，2017（2）：76

'十二五'规划"将"卓越"与"扩张""公平"并列为高等教育发展的三大理念。2001年，印度政府启动了"卓越潜力大学"计划，并制定了具体的遴选标准。2007年，启动了"新建一批国家直属高水平大学计划"，促成建立了一批联邦政府直接管理的高水平大学。2013年，大学拨款委员会启动了"创新大学计划"，鼓励高校成为卓越的创新和研究中心❶。2014年，印度工商联合会提出了《印度高等教育2030愿景》，从在世界高等教育中的地位、人才培养、科学研究与创新三个方面，规划了印度高等教育2030年的发展目标，具体包括20所以上大学名列全球顶尖大学前200位、新建20所创新研究型大学、成为全球最大的人才提供者、培养5～6名本土诺贝尔获奖者等，并提出了相应的政策举措❷。2016年，印度提出了建设20所世界一流大学的计划❸。印度颁布的一系列推进世界一流大学建设的政策，表明了印度提升高等教育全球竞争力的决心，为其高等教育发展指明了方向。

在具体措施上，印度政府不遗余力地支持一流大学建设，以提高高等教育的整体实力和全球竞争力。一是给予一流大学较充足的经费支持。大学拨款委员会在其中发挥了重要作用。大学拨款委员会成立于1956年，其重要职责是向高校提供经费，中央直属大学和国家重点学院是其优先扶持对象。在2014—2015学年，大学拨款委员会将57%的高等教育经费投给了中央直属大学，为一流大学的发展提供了有力的经费保障。二是成立专门机构推进一流大学建设。印度先后成立了国家知识委员会、产业-高等教育合作委员会等机构，协调大学与产业界的合作，推动大学的科技创新和成果转化，促进大学提高科学研究水平。三是重点建设若干大学，集中优势办出特色。有7个校区的印度理工学院是印度政府重点支持和优先发展的对象，不仅拥有充足政府资金支持，还有高度的学术自治权和管理权。大学拨款委员会实施了"具有成为卓越大学的潜力"和"具有成为卓越学院的潜力"方案，认定15所大学为卓越潜力大学，246所学院为卓越潜力学院，在给予经费支持的同时，鼓励这些大学和学院充分发挥教学和科学研究优势，提高教育质量，办出世界一流的高等教育。四是鼓励工商企业界助推高等教育。印度产

---

❶ 杨秀治，何倩. 印度创建世界一流大学政策研究 [J]. 比较教育研究，2016（6）：15

❷ 唐晓玲. 印度提升高等教育竞争力的政策举措与实施效果 [J]. 教师教育学报，2018（2）：105

❸ 王建梁，武炎吉. 印度大学排名的背景、过程、结果及反响 [J]. 江苏高教，2017（7）：102

业界通过设立大学科技园、合作科研与开发课程等方式，支持印度高等教育的发展。20 世纪 90 年代，印度产业界在班加罗尔建立的第一个软件科技园，就是围绕印度理工学院、印度科学学院、班加罗尔大学等一流大学和科研机构成立的，此举不仅为大学提供了经费，向学生提供了实习和了解软件产业发展的机会，而且促进了大学科研成果的转化，培育了一批高新技术企业，为印度软件学科和 IT 人才培养常年保持世界一流水平做出了突出贡献。五是加强校际合作，扶持优势学科发展。印度建立了 6 所大学校际中心，着重开展校际合作研究。组建了 4 所国家设施中心，集中资源支持空间技术、仪表设备等优势学科的建设。

印度的世界一流大学建设虽然还存在一些问题，如在 2017 年仅有 2 所大学入选 QS 世界大学综合排名前 200 强，近年来的高等教育全球竞争力排名有所下滑，但不可否认的是，印度大学在 IT、空间技术、生物技术等领域具有很强的竞争力，展现了印度高等教育深厚的发展潜力。

四、南非高等教育

（一）高等教育发展历史

1. 殖民地时期的高等教育

南非是非洲经济最发达的国家，在历史上曾是荷兰和英国的殖民地。南非的高等教育起源于荷兰和英国殖民地时期，是从提供中等教育的学院逐渐发展起来的❶。1658 年，荷兰殖民者按照本国教育模式，在南非建立了第一所正规的西式学校，以荷兰语为教学语言，以基督教教义为主要授课内容，目的是教化来自西非的奴隶❷。这可视为南非高等教育的萌芽。19 世纪 20 年代，南非殖民政府迫于行政管理和技术劳动力的不足，开始照搬英国的大学学院制模式创办高等教育机构，如 1829 年，南非历史上第一个高等教育机构——南非学院（现开普敦大学）在开普敦成立，此后又成立了安德鲁斯学院、维多利亚学院、斯坦陵布什学院、格雷学院等，这些学院都是为学生参加英国大学的考试而提供教育的预备教育机构，不具备真正的大学资格。1837 年，南非殖民政府仿照伦敦大学模式，建立了南非历史上第一所大

---

❶ 赵硕. 南非高等教育发展与评估模式及对我国高等教育的启示［J］. 上海教育评估研究，2014（1）：36

❷ 张冰. 本土化视野下的南非高等教育国际化［J］. 世界教育信息，2018（7）：30

学——好望角大学，其主要职责是为南非各个学院制定课程教学大纲、安排考试、颁发学位等，是典型的英式高等教育管理机构而不组织教学活动。1916年，南非殖民政府通过了《大学法》，依据该法，南非学院升格为开普敦大学，成为具有自治权的大学机构，南非多个学院成为新成立的南非大学的附属学院。

2. 种族隔离时期的高等教育

1934年6月，南非获得独立。1948年，南非国民党赢得大选执掌政权，开始推行种族隔离政策，高等教育领域也是如此。1953年，南非政府颁布了《班图教育法》，1959年实施了《大学教育扩充法》，确立了不同种族在指定的大学接受高等教育的机制[1]。南非的种族隔离制度，使得白人与黑人及其他有色人种的高等教育隔离开来。中央政府掌握了高等教育管理权，以种族为基础进行隔离教育，针对不同种族，分别建立了白人、黑人、其他有色人种相隔离的高等教育机构，黑人、其他有色人种只能到相应的高等教育机构学习，未经批准不得进入白人大学。在教育经费上，南非政府对白人大学高度倾斜，61％的教育经费用于白人教育，黑人的教育经费只占17.7％[2]。种族隔离的高等教育，严重剥夺了黑人和其他有色人种接受高等教育尤其是优质高等教育的权利，造成南非高等教育极端的不平等。南非的种族隔离制度遭到了国际社会的制裁和国内有色人种的反抗，南非政府在压力之下进行了一些改革，但高等教育种族隔离的基本格局并未改变，一直持续到1994年种族隔离制度被废除。

种族隔离期间，由于经济发展较好，南非的高等教育发展较快。到种族隔离制度被废除的1994年，南非已经建立了36所高等学校，其中大学21所，技术学院15所，形成了一个严格按种族划分、大学和技术学院双轨制运行的高等教育体系。36所高等学校中：有4所英语白人大学，6所阿非利加语白人大学，7所白人技术学院；6所非洲人大学和5所非洲人技术学院，服务于有色人种和印度裔的2所大学和2所技术学院；2所位于城市的黑人大学，1所远程教育大学和1所远程教育技术学院[3]。从高等教育结构看，白人大学都坐落在大城市，学科齐全、师资精良、教育质量高，有效地满足

[1] 牛长松.南非公立高校招生政策的演变——教育公平的视角[J].外国教育研究，2009（3）：16

[2] 刘晓绪，陈欣.南非高等教育改革中的平权行动政策分析[J].外国教育研究，2015（3）：63

[3] 顾建新，王琳璞.南非高校合并：成效与经验[J].高等教育研究，2007（80）：106

了只占南非总人口8.9％的白人接受优质高等教育。黑人大学多位于偏远地区，以人文学科为主，教育质量偏低，远远不能满足占南非总人口79.6％的黑人接受高等教育的需要。从高等学校的层次上看，这一时期南非的大学注重知识的生产，教学和科研并重，提供学位教育；技术学院注重技术教育，具有职业教育导向，提供职业证书❶。

3. 民主南非时期的高等教育

南非种族隔离时期的高等教育的显著特征是白人与黑人、其他有色人种接受高等教育的巨大不平等，这根源于政府的种族隔离制度设计。1994年，国大党掌握了南非政权，种族隔离制度被废除，曼德拉政府及此后的历届南非政府致力于破解高等教育的不平等，打破在种族、性别上的招生限制，提高黑人和其他有色人种接受高等教育的机会，实施了系统而长期的改革，如对高校进行合并重组，发展私立高等教育，实施平权行动，对弱势群体学生进行国家财政资助，建立高等教育质量评估体系等。经过改革，南非将高等学校精减到23所，其中大学11所，综合型大学6所，技术型大学6所❷，形成了大学、综合型大学和技术型大学三足鼎立、普通高等教育与职业教育相结合的公立高等教育体系❸，以及与公立高等教育构成竞争关系的私立高等教育。

南非的大学是以提供学位教育为主的普遍意义上的高等学校。综合型大学是南非高等教育改革过程中所创建的一种新型高校，它由普通大学和技术学院合并组建而成，综合提供学位教育、文凭教育和职业资格教育，其设置目的在于打破学术与职业教育二元对立的格局，模糊大学与技术学院双轨制的边界，促进应用科学研究，强化产学合作，提高高等教育入学率，推进优质高等教育资源均衡配置，促进教育公平。综合型大学在打造学生多元入学通道、提供多样化课程、构建学生在学术型课程和职业技术课程之间双向流动的"立交桥"、强化社会服务职能等诸多方面都有所创新，与传统的精英型大学有明显区别。技术型大学是以就业为导向的大学，是南非政府借鉴欧美国家技术大学模式，将技术学院升格、合并而来的，开设符合市场导向及

❶ 牛长松. 南非公立高校招生政策的演变——教育公平的视角［J］. 外国教育研究，2009（3）：16 - 17

❷ 王娟娟. 后种族隔离时期南非教育现状、发展及挑战［J］. 赤峰学院学报（汉文哲学社会科学版），2019（8）：156

❸ 陈恒敏. "金砖国家"高等学校分类体系：域外四国的经验［J］. 比较教育研究，2019（10）：24

就业需求的课程，能够提供从非学历直到博士层次、以职业教育为导向的高等教育，为南非的高等技术教育开辟了一条新的发展道路。南非的大学具有办学自主权，学校只对董事会负责，校长由董事会任命，是学校的最高行政官员。校长有一定的任期，可以连任。学术委员会负责保证大学的教学科研水平❶。

南非废除种族隔离制度后，开始依托公立高等教育发展私立高等教育，但强调私立高等教育应致力于提高大学的入学率和大学生的就业水平，而不是为了挑战公立高等教育❷。与公立高等教育相比，南非的私立高等教育竞争力明显较弱，主要原因是私立高校低于本科水平，不追求学术上的卓越，且学科专业主要集中在商科领域，填补了公立高等教育的不足。南非的私立高等教育有跨国教育机构、特许学院、技术和职业教育培训学院、公司课堂四种形式❸。私立高等教育在发展初期，与公立高校建立了比较融洽的合作关系，特别是扩大了层次较低学生接受高等教育的机会，减轻了公立高校招收不达标学生的压力。但随着私立高等教育的发展和办学实力的提升，给公立高等教育带来了越来越大的挑战。

（二）高等教育政策

1. 实施平权行动，促进高等教育公平

种族隔离制度造成了南非高等教育对黑人和其他有色人种极度的不平等。1994 年南非民主政府成立后，以追求公平为核心进行了高等教育改革，平权行动是政府着力推进的一项措施。

实施平权行动的主要法律依据是 1993 年南非宪法，其中规定："为过去受歧视的人提供足够的保护和优惠措施，社会都会把它看作是合理的"❹。为推行平权行动，南非政府先后公布了《高等教育变革绿皮书》、3 个《高等教育改革白皮书》和《高等教育法》，构建了平权行动的制度框架。1996 年南非政府《高等教育变革绿皮书》提出，高等教育改革的目的是消除过去的不公正，并建立一个能对南非社会、经济、政治发展做出更大贡献的高等教育

❶ 刘亮，李雨锦. 南非高等教育的发展近况研究［J］. 世界教育信息，2010（3）：58

❷ 丹尼尔·列维. 南非：营利——公办高校的结合［J］. 胡建伟 译. 浙江树人大学学报，2013（1）：28

❸ 牛长松. 南非私立高等教育的发展及政策干预［J］. 教育发展研究，2007（8）：69

❹ 刘晓绪，陈欣. 南非高等教育改革中的平权行动政策分析［J］. 外国教育研究，2015（3）：65

体系；高等教育的发展愿景是不分种族、肤色、性别、信仰、年龄、阶层，确保入学的公正和学业成功的可能性。1997年的《高等教育法》，将增加和扩大入学作为高等教育改革的核心内容之一，旨在增加黑人、妇女、残疾人和成人学生的入学机会，来满足更大学生群体接受高等教育的需求。

在实践层面，南非政府秉持"矫正不公、扩大入学"的原则，积极鼓励高校扩大招生❶。南非高校开始实施招生制度改革，努力提高黑人学生的入学率。1995—2000年，黑人学生入学率增长了22％，其中80％的黑人学生被传统的白人大学录取，而白人学生的数量则减少了23％。2004年，南非高校的学生总数比2000年增加了18.9万，年增长率为7.6％，其中非洲学生增加了11.5万❷。2004年黑人学生的总量比1993年增加了2倍。1993年黑人学生占南非高校在校生总数的53％，到2006年已经占到了75％；1993年女生占南非高校在校生总数的43％，到2006年已经占到了55％❸。由于高等教育规模扩张过快，造成政府无力为大学提供足够的财政资金，基础设施难以得到改善，导致高等教育质量下降，因而南非政府对平权行动的实施进行了规范，放慢了高校扩招速度，更加关注于教学设施、教学能力和教育质量，提高学生的毕业率。

通过实施平权行动，南非高等教育的种族不平等问题得到极大缓解，但又暴露出一些新的问题，如黑人学生的入学率仍然较低。以开普敦大学为例，2013年共招收白人学生8360人，黑人学生6137人。按照学生在总人口的比例来折算，每万名黑人中，仅约有1.45名进入开普敦大学；每万名白人中，有约18.17名进入开普敦大学，是黑人的12.5倍。这充分说明，即使南非政府在平权行动上倾注了大量的资源和努力，削除了种族隔离的制度障碍，但大量的适龄黑人青年仍无法接受高等教育❹。有数据显示，黑人适龄青年仅12％有机会进入高校，而白人适龄青年的入学机会是60％。这又涉及南非的基础教育和中等教育问题。黑人进入大学倾向于选择人文学科专业，而较少选择理工学科专业，且辍学率很高，仅有不到35％的黑人学生能

---

❶ 公钦正，薛欣欣. 南非后种族隔离时期高等教育招生政策变革及其启示［J］. 重庆高教研究，2020（1）：95

❷ 牛长松. 南非公立高校招生政策的演变——教育公平的视角［J］. 外国教育研究，2009（3）：17－19

❸ 刘晓绪，陈欣. 南非高等教育改革中的平权行动政策分析［J］. 外国教育研究，2015（3）：70

❹ 王琳璞，毛锡龙，张屹. 南非教育战略研究［M］. 杭州：浙江大学出版社，2014：164

够毕业，比例比白人学生低了一半。平权行动旨在对黑人和其他有色人种进行补偿，但以种族为基础的招生政策，忽视了废除种族隔离制度后沦为社会底层、需要政策扶持的白人学生的权益，使得一部分本可以接受高等教育的白人学生无学可上，受到了反向歧视，造成了新的不平等。

2. 实施国家对学生的财政资助政策，推行免费高等教育

为帮助黑人和其他有色人种等弱势群体学生接受和完成高等教育，南非政府于 1999 年通过了《国家学生财政资助法案》，并于 2000 年实施运行了国家学生财政资助计划，来帮助所有非研究生阶段的高校学生。国家学生财政资助计划以向学生贷款的方式运行，学生毕业或退学进入劳动力市场后，仅需要以远低于商业银行贷款的利率来偿还利息。如果收入降低或失业，则可以暂停还款。贷款返还的利息会重新纳入资助计划。如果学生通过了所有课程的考试，则其贷款的 40% 可以转化为免予偿还的助学金。2011 年，祖马政府规定，如果贷款的大学生能够顺利毕业，最后一年的学生贷款可以全部转化为助学金而无需偿还❶。国家学生财政资助计划使大量的弱势群体学生受益，其中黑人占受益群体总数的 90% 以上，其他有色人种次之，女性的受益人数多于男性❷。

国家学生财政资助计划虽然取得了显著成效，但并没有使医生、警察等"消失的中产阶级"家庭的学生从中受益，他们一方面难以承担高昂的大学学费，另一方面也不具备享受国家学生财政资助的资格，这导致了 2015 年南非接连爆发了三起大规模的学生运动，直指以种族为基础的平权行动和国家学生财政资助计划。2016 年 1 月，南非总统祖马下令成立高等教育和培训调查委员会，负责对南非提供免费高等教育和培训的可能性进行调研和提出建议。2017 年 8 月，该委员会提交了调查报告。2017 年 12 月 16 日，南非总统祖马宣布，自 2018 年开始，所有来自贫困、工薪阶层家庭的学生将享受政府全额补贴的免费高等教育，并将在五年内逐步全面推行，预计 90% 以上的南非家庭会从中受益❸。尽管该政策受到了一些批评，且祖马已于 2018 年 2 月辞去了总统职务，但继任的南非政府确认继续推行免费高等教育政策。

---

❶ 张冰. 南非国家学生财政资助计划的成效及挑战［J］. 现代教育论坛，2016（6）：29

❷ 刘晓绪，陈欣. 南非高等教育改革中的平权行动政策分析［J］. 外国教育研究，2015（3）：67

❸ 丁瑞常，康去菲. 南非祖马政府免费高等教育政策评析［J］. 高教探索，2019（7）：69

由于免费高等教育政策实施的时间较短，其实施效果和南非政府的财政支撑能力还有待观察和评估。

3. 注重教育评估，保障教育质量

1994 年之前，南非没有形成系统、全面的高等教育质量保障机制，南非大学校长联合会和技术学院教育证书委员会分别负责对大学和技术学院的教育质量进行评估❶。南非民主政府成立之后，在对高等教育进行改革的过程中，特别是 20 世纪初大学治理出现危机之后，才逐渐构建起比较完善的高等教育质量保障体系。

南非高等教育质量保障体系由南非资格局、国家资格框架（National Qualification Frame - work，NQF）、高等教育质量委员会（Higher Education Committee，HEC）等组成。南非资格局由教育部部长和劳动部部长任命的 29 名成员组成，其主要职责是监督国家资格框架的制定和实施。国家资格框架包括一系列的原则和指南，利用这些原则和指南，学生的学习业绩能够得到注册，技能和知识能够得到国家承认。高等教育质量委员会负责对包括私立高等教育在内的全国高等教育的质量进行监督，建立和发展对教育项目的认证和评估机制，对现有高等教育项目进行重新审查❷。

在南非高等教育质量保障体系中，形成了南非资格局、高等教育质量委员会、高等教育协会等机构各司其职的组织机制。在评价过程中，对公办高校和私立高校一视同仁，按照同一质量要求、相同的评价流程进行评价。评价内容、方式包括项目认证和协调、外部质量评价和院校自我评价❸。虽然有批评的声音，南非还是引进了"以结果为本"的高等教育评估理念，重视终结性评估在高等教育质量评价中的地位❹。从南非高等教育质量保障体系的实施效果看，优化了高等教育财政资源，改良了高等教育结构，平衡了传统的白人高校与黑人高校的资金配置，成效是非常显著的。

4. 积极推进高等教育国际化，提升国际影响力

南非民主政府成立后，开始致力于拓展国际合作，高等教育是重要的国

---

❶　牛长松，顾建新. 南非高等教育质量保障体系：框架、特色与挑战 [J]. 比较教育研究，2007 (12)：45

❷　翟俊卿，郭华萍. 南非高等教育质量保障体系浅析 [J]. 高等农业教育，2007 (1)：93

❸　刘晓凤. 南非高等教育质量评价发展的因应策略研究 [J]. 教育评论，2016 (3)：8 - 9

❹　赵硕. 南非高等教育发展与评估模式及对我国高等教育的启示 [J]. 上海教育评估研究，2014 (1)：37 - 38

际合作领域。1997年的《教育白皮书3——高等教育变革计划》提出南非高校要接受国际化的挑战，积极向国际标准和国际规则靠拢，学习借鉴世界一流大学的办学经验，建设南非自己的世界高水平大学。1999年，南非政府开始推行一项旨在扩大非洲各国留学生规模的计划，目的在于吸引非洲其他国家的学生到南非留学，以扩大南非高校在非洲的影响力。

相比非洲其他国家，南非的高等教育体系更加发达，一些高校的优势学科代表着非洲的最高水平，对非洲其他国家的青年学生具有很强的吸引力，特别是受到了南部非洲发展共同体成员国学生的欢迎。到2014年，南非公立高校的学生人数为96.9万人，其中到南非留学的国际学生就有7.3万人，占南非高校学生总数的7.5%，超过了南部非洲发展共同体国家为其他国家保留5%的留学生名额的承诺。

此外，南非高校积极拓展与非洲大学间的国际交流与合作，有21所大学参加了总部位于加纳的非洲大学联盟。2012年，南非与欧盟签署了《关于加强双方教育和培训领域的联合声明》，在职业技术学院教师培训领域开展合作。2016年，南非与印度签署了合作备忘录，正式建立了两国间的以本土知识体系为重点的创新合作伙伴关系，促进两国的科技合作❶。

尽管南非高等教育的国际化还存在诸多问题，但不可否认的是，南非高校通过拓展国际交流与合作，消除了因种族隔离制度造成的与其他国家间的不良影响，扩大了南非在国际上特别是南部非洲高等教育领域的影响力，展现了新南非的良好形象。

五、中国高等教育

（一）高等教育发展历史

中国现代意义上的高等教育，起源于清末洋务运动中创办的新式学堂，如1862年在北京设立的同文馆、1866年在福州创立的福建船政学堂等。新中国的高等教育是在接收、改造旧中国遗留下来的高校基础上逐步发展起来的。新中国的高等教育发展可以分为五个时期。

1. 初建时期（新中国成立到"文化大革命"前）

旧中国遗留下来205所高校，其中国立、省立的公办高校124所，私立高校和教会学校81所，学校规模小，在校生人数少，仅有约12万人，在当

---

❶ 张冰. 本土化视野下的南非高等教育国际化［J］. 世界教育信息，2018（7）：32－33

时是稀缺资源。人民政府对这些高校进行了接收和改造。1950 年 6 月召开的第一次全国高等教育会议，确定了新中国的高等教育制度改革的基本方针与方向，明确了三项任务：一是改变旧中国高等教育的半封建半殖民地性质；二是建立与新社会相适应的教育体制；三是把教育转到为社会主义计划经济服务的轨道上来。

针对旧中国高等学校区域分布不均衡、系科庞杂、学科专业结构不合理、工科院校偏少的状况，国家对高校及院系设置进行了调整，强调高等教育要适应国家从农业国向工业国转变的需要，把高等教育纳入国家计划经济，从政策上优先满足重工业对专业人才的需要。到 1957 年，经过三次高校及院系设置调整，全国高等学校增至 229 所，其中综合性大学 17 所。建国初期的高校院系大调整有着非常重要的积极意义，如适应了新中国政治和经济建设的需要，优化了高等学校的布局，扩大了办学规模，转变了传统的教育理念和教育方向，初步构建了高等教育体系。但在当时特定政治社会文化氛围下的院系调整也产生了一些问题，主要表现在要求过高过急，对一些具有悠久办学历史的老校进行了分拆，使一些高校伤了元气；机械地照搬苏联的高等教育模式，综合性高校大大压缩，专门类院校特别是工科院校迅猛增加；在科系设置上，对文法、财经等人文社科类专业压缩过多，理科和工科分家，不利于学科的综合发展等。

2. "文化大革命"时期（1966—1976 年）

"文化大革命"时期，中国教育事业遭到严重破坏，濒临崩溃边缘；学校教学秩序混乱，广大教师受到摧残，青年一代丧失了接受科学文化教育的机会。高等教育遭到了巨大破坏，高校一度停办，一些高校被撤销，许多高校知识分子受到冲击，教师被下放到基层。特别是 20 世纪 60 年代末北京等地的高校调整，对中国高等教育发展产生了重大影响。1969 年 3 月，中国与苏联在珍宝岛发生了军事冲突。为防备苏联可能实施的侵略，再加上"文化大革命"的影响，中央提出要战备疏散，高校也被列入其中。1969 年 10 月，中共中央发布了《关于高等院校下放问题的通知》，决定将中国科学技术大学、北京建筑工业学院、北京轻工业学院、北京水利水电学院等 13 所工科院校迁出北京，外迁至河北、陕西、山东、安徽、湖北等中西部省份，称之为"京校外迁"。此外，中国人民大学、北京政法学院等 14 所高校被撤销停办，北京语言学院、北京工商管理专科学校 2 所高校被合并到其他高校。同期，沈阳、长春等地的一些高校也被战备疏散或撤销停办。这一时期外迁的高校尽管在客观上促进了三线建设，但从高等教育发展的角度来看，造成了巨大的损失。1972 年以后，部分高校开始恢复招收"工农兵学员"。

3. 稳定发展时期（1977—1998 年高校管理体制改革前）

以 1977 年恢复高考为标志，高校开始恢复招生，诸多在"文革"中被撤销停办的高校迅速重建，并新建、升格了许多高校，高等教育进入蓬勃发展时期。到 1998 年高校管理体制改革前，中国高校已达 1024 所，在校生规模急剧增长，公办学校全日制在校生为 360 万人，但高等教育毛入学率很低，引发了社会各界扩大高等教育规模的呼声。民办高校逐步发展起来，成为高等教育的重要组成部分。1984 年创办的北京海淀走读大学，是新中国正式承认学历文凭的第一所民办高校。到 1998 年，民办高校达到100 多所。

4. 快速发展时期（1998 年高校管理体制改革后至 2012 年十八大召开前）

1994 年我国就开始酝酿高校管理体制改革，到 1998 年，借国务院机构改革之机，高校管理体制改革全面推进，至 2004 年基本完成。这次高校管理体制改革的目标，是国务院部委基本上不再管理高校，所属高校划转教育部或省级地方政府管理，形成中央和地方政府两级高校管理体制。

1998 年，教育部等四部委联合出台《关于调整撤并部分所属学校管理体制的实施意见》，对国务院机构改革中撤销的原机械工业部、煤炭工业部等 9个部委所属的 93 所普通高校、72 所成人高校的管理体制进行了调整。1999年上半年，教育部等四部委出台《关于调整五个军工总公司所属学校管理体制的实施意见》，调整了原中国船舶工业总公司、中国兵器工业总公司、中国航空工业总公司、中国航天工业总公司和中国核工业总公司所属的 25 所普通高校、34 所成人高校的管理体制。1999 年底到 2000 年初，根据教育部等三部委《关于调整国务院部门（单位）所属学校管理体制和布局结构的实施意见》，又对国务院部委所属的 161 所普通高校、97 所成人高校的管理体制进行了调整。

1998—2004 年的高校管理体制改革，涉及国务院原部委管理的 509 所高校的划转与合并。其中 28 所高校直接划转教育部管理，23 所高校合并为 10所高校后划转教育部管理，19 所高校并入教育部管理的 11 所高校，教育部直接管理的高校达到 73 所（现为 75 所），占全国高校总数的 5%。仍由国务院部委管理的高校有 38 所，占全国高校总数的 2.6%。划转地方管理的本科普通高校有 153 所，其中成建制划转 114 所，划转地方后兼并其他学校的 13所，划转地方后合并其他学校的 18 所，划转地方后并入其他学校的 8 所。经过这次面宽层深的高校管理体制改革，基本上形成了中央和省级政府两级管理、以省级地方政府统筹为主、条块有机结合的高校管理体制。

随着中国经济的快速发展，对高级人才的需要非常迫切，人民群众日益增长的接受高等教育的需求与高等教育规模较小之间的矛盾日益突出。在有关专家的建议下，教育部于 1998 年 12 月出台了《面向二十一世纪教育振兴行动计划》，提出要扩大高等教育规模，到 2000 年高等教育入学率达到 11％左右，到 2010 年高等教育入学率达到 15％的目标。1999 年起，中国高校实施了大规模扩招，在校大学生规模迅速增长，许多高校为适应办学规模的扩大而建设了新校区。高校扩招带来了一些问题，如人才培养质量下降、大学生就业难等。2012 年，教育部明确提出"今后公办普通高校本科招生规模将保持相对稳定。"民办高校在这一时期也得到了迅速发展。

2012 年，全国共有公办普通高等学校 2139 所，成人高等学校 348 所，民办高校 707 所（含独立学院 303 所）。高等教育总规模达到 3325 万人，其中普通高校在校生规模为 2563 万人，民办高校在校生规模为 533 万人，高等教育毛入学率达到 30％。

5. 新时代发展时期（2012 年十八大召开至今）

2012 年党的十八大召开，标志着中国高等教育进入了新时代。党的十八大报告强调"教育是民族振兴和社会进步的基石"，提出"努力办好人民满意的教育"。立足于"两个一百年"的宏伟目标，实现好、维护好、发展好最广大人民的根本利益，成为新时期高等教育发展的出发点和落脚点。为深化高等教育领域综合改革，应对全球科技和人才竞争的挑战，党中央、国务院提出了"世界一流大学和世界一流学科"（简称"双一流"）建设的高等教育发展战略，并实施了一系列重大战略部署和改革措施。

2012 年以来，中国高等教育围绕"双一流"建设发展战略，坚持规模与质量并重，持续稳定发展。到 2019 年，全国共有普通高等学校 2688 所（含独立学院 257 所），其中本科院校 1265 所，高职（专科）院校 1423 所；成人高等学校 268 所；民办高等学校 757 所（含独立学院 257 所，成人高校 1所）。高等教育在学总规模 4002 万人，其中全日制本专科学生 3031.53 万人，研究生 286.37 万人；民办高校在校生 708.83 万人。高等教育毛入学率51.6％，已经由高等教育大众化阶段进入普及化阶段。以上这些数据，充分展现了新中国高等教育的伟大发展成就。

（二）高等教育结构

中国的高等教育结构，依据不同的标准可以划分为不同的类型。

以高校的主办者性质不同，可以分为公办高校和民办高校两种类型。公办高校是政府举办的高等教育机构，是中国高等教育的主体。民办高校是企业、社会团体等组织举办的高等教育机构，是中国高等教育的重要组成部分，是对公办高等教育的重要补充。公办高校按照隶属关系的不同，可以分为中央直属高校和地方管理高校两种类型。

根据高校功能定位结构的不同，可以将中国高校分为研究型、研究教学型、教学研究型、教学型、技术技能型五种类型。这一高校分类得到了广泛认同，对中国高等教育发展产生了重要影响。

实施"双一流"发展战略之后，中国高校可以分为"双一流"建设高校和"非双一流"建设高校两种类型❶。

中国地方政府在"双一流"发展战略的指引下，根据当地的高等教育发展情况，对高校进行了类型划分，并实施分类评价。如上海市将高校分为学术研究、应用研究、应用技术、应用技能四种类型❷。河南省将高校分为高水平综合性大学、特色骨干大学、应用技术型大学、高职高专院校四种类型。

（三）高等教育政策

1. 坚持党对高等教育的领导

始终坚持党对高等教育的领导，是中国高等教育发展的重要特征和基本经验，也是中国特色社会主义的本质要求❸。自新中国成立初期接收、改造旧中国遗留下来的高等教育开始，到实现高等教育的大众化、普及化，中国始终坚持了党对高等教育的领导，包括政治领导、思想领导和组织领导❹。

党对高等教育的领导，主要通过以下方式确立和实施。一是以宪法的形式确立党对高等教育的领导地位。《宪法》第一条规定："社会主义制度是中华人民共和国的根本制度。中国共产党领导是中国特色社会主义最本质的特征。"确立了党的领导的原则，当然也包括党对高等教育的领导。二是将党

---

❶ 苏君阳，白卉，李一平．高等学校分类评价：意义、类型依据与基本策略［J］．北京教育，2021（1）：76

❷ 张兴．分类评价：指标设计、操作程式和结果应用——以上海高校分类评价为例［J］．教育发展研究，2019（19）：51

❸ 别敦荣，李家新．高等教育发展的中国道路［J］．高等教育研究，2018（12）：10

❹ 李宏刚，司甜园，时胜利.70年来党领导高等教育的历史变迁、主要成就和未来走向［J］．江苏高教，2019（11）：1

的教育方针通过法律形式确立为国家的教育方针并要求贯彻落实。《高等教育法》第四条规定："高等教育必须贯彻国家的教育方针，为社会主义现代化服务、为人民服务，与生产劳动和社会实践相结合，使受教育者成为德、智、体、美等方面全面发展的社会主义建设者和接班人"。三是党领导政府推进高等教育的改革发展并取得伟大成就。中国高等教育在党的领导下，经过 70 多年的发展，建立了具有中国特色的现代教育体系，形成了丰富多样的高等教育形式，基本满足了人民群众的高等教育需求，实现了高等教育的跨越式发展。四是在高校建立党的组织，领导高校的办学活动，坚持社会主义办学方向，落实党的教育方针。五是坚持和完善党委领导下的校长负责制，探索建立符合中国国情的现代大学制度，建设中国特色社会主义大学。六是在高校开展思想政治理论课，要求学生必须学习，培养爱党爱国、拥护社会主义制度的优秀人才。

2. 坚持高等教育优先发展战略

教育优先发展又称教育先行或教育超前发展，有两种内涵："第一，社会用于发展教育的投资要超越于社会生产力和经济发展状态而超前投入；第二，教育发展要先于或优于社会上其他行业和部门而先行发展"❶。中国是文明古国、文化大国，自古以来就有重视教育的传统。改革开放以来，中国在建设社会主义现代化强国的过程中，确立和坚持了教育优先发展的战略。教育优先发展战略在中国的重要文件中得到明确体现。1987 年党的十三大报告提出："把发展科学技术和教育事业放在首要位置"。1992 年党的十四大报告提出："我们必须把教育摆在优先发展的战略地位。"1997 年党的十五大报告提出："切实把教育摆在优先发展战略地位，发展教育和科学，是文化建设的基础工作。"2002 年党的十六大报告提出："教育在现代化建设中具有基础性、先导性和全局性作用，必须摆在优先发展的战略地位。"2006 年 10 月《中共中央关于构建社会主义和谐社会若干重大问题的决定》提出："坚持教育优先发展，促进教育公平。"2010 年 5 月《国家中长期教育改革和发展纲要 2010—2020》提出："把教育摆在优先发展的战略地位。教育优先发展是党和国家提出并长期坚持的一项重大方针。"2017 年 10 月党的十九大报告中提出："建设教育强国是中华民族伟大复兴的基础工程，必须把教育事业放在优先位置，深化教育改革，加快教育现代化，办好人民满意的教育。"2018 年 9 月全国教育大会提出："全面落实教育优先发展战略，在经济社会

---

❶ 柳海民．教育原理［M］．长春：东北师范大学出版社，2002：484

发展规划上优先安排教育、财政资金投入上优先保障教育、公共资源配置上优先满足教育和人力资源开发需要。"2019 年 2 月《中国教育现代化 2035》将坚持教育优先发展作为"推进教育现代化的基本原则"之一。

高等教育是教育的重要组成部分，教育优先发展包括高等教育的优先发展。中国坚持实施教育优先发展战略，不断加大对教育的投入，1993 年首次提出国家财政性教育经费占 GDP 的比例要达到 4%，2002 年已实现了这一目标，并不断强化教育的经费保障。各级党委、政府为教育提供了各种有形和无形的资源，建立和完善了政府落实教育优先发展战略的责任制。正是坚持了高等教育优先发展战略，中国高等教育规模得到迅速扩张，教育质量不断提升，国际竞争力逐步增强，已经进入高等教育普及化阶段，有力地促进了教育公平，为经济增长和综合国力提升提供了强大支撑。

3. 坚持高等教育优质发展战略

质量是教育的生命线。中国高等教育发展坚持了质量与规模并重的策略，在扩张高等教育规模、促进教育公平的同时，始终把保障和提高教育质量作为基本战略。

在政策方面，制定了一系列的保障和提高高等教育质量的政策文件。1993 年出台的《中国教育改革和发展纲要》和 1994 年颁布的《关于加强普通高等学校教学工作的意见》，都强调通过人才培养方式的转变来保障教育教学质量❶。2001 年，面对高校大规模扩招后显露出的教育质量下降现象，教育部出台了《关于加强高等学校本科教学工作提高教学质量的若干意见》。2012 年教育部印发的《关于全面提高高等教育质量的若干意见》中，明确将"促进人的全面发展和适应社会需要作为衡量人才培养水平的根本标准"。近年来，教育部先后出台《关于实施基础学科拔尖学生培养计划 2.0 的意见》《深化本科教育教学改革全面提高人才培养质量的意见》等文件，试图提升高校人才培养能力，为建设高等教育强国打下坚实基础。

在具体实施方面，中国先后建立和实施许多高等教育质量评估评价机制。如教育部先后实施了本科教学工作水平评估、本科教学工作审核评估制度，对本科高校进行了全面的本科教学质量评估；于 2002 年开始实施全国性的学科评估，目前已经进行了四轮；实施了高等教育"质量工程"，包括专业结构调整与专业认证、课程、教材建设与资源共享，实践教学与人才培

---

❶ 钟勇为，缪英洁. 新中国高等教育质量保障政策范式变趋与思考——〔J〕. 教育发展研究，2020（7）：31

养模式改革创新，教学团队和高水平教师队伍建设，教学评估与教学状态基本数据公布，对口支援西部地区高等学校等六方面的内容。地方政府也采取了保障和提升高等教育质量的举措。如河南省实施了优势特色学科建设工程，对入选的学科投入大量资金进行重点建设；实施了省级教学质量工程，支持特色专业、教学示范中心、教学项目、教学团队、精品课程等方面的建设。

坚持高等教育优质发展战略，使中国高等教育在规模扩张的同时保障和提升了高等教育质量，培养了大批优秀人才。

4. 鼓励社会力量举办高等教育和参与高校办学

中国在建国初期将旧中国遗留下来的私立高校或转为公办高校，或予取缔，形成了政府统一办高等教育的局面。改革开放后，中国开始支持社会力量举办高等学校，鼓励多方社会主体参与高校办学活动。

1982 年的《宪法》首次明确了民办教育的合法地位，释放出允许社会力量办学的政策信号，一些有志于教育事业发展的在职或退休人员创办了一些民办非学历高等教育机构，以满足不能接受公办高等教育学生的需求❶。1993 年的《中国教育改革和发展纲要》提出"改革办学体制，改变政府包揽办学的格局，逐步建立政府办学为主体、社会各界共同办学的体制"，激发了社会力量特别是企业举办高等教育的积极性。2002 年，中国颁布了《民办教育促进法》，将民办高等教育主体扩展到"国家机构以外的社会组织或者个人"，为民办高等教育的发展提供了广阔的空间。近 40 年来，社会力量单独举办或与公办高校联合举办了大量民办高等教育机构，到 2019 年，民办高校（含独立学院）达到 757 所，在校生规模 708 万人，成为中国高等教育的一支生力军。

中国高校有与企业合作的传统。改革开放后，国家开始鼓励多方社会主体参与高校办学活动，首先是从社会主体参与高等教育评估开始的。《国家中长期教育改革和发展规划纲要（2010—2020）》提出"管办评分离、建立高校理事会或董事会、健全社会支持和监督高校发展的长效机制"，为多方社会主体参与高校办学提供了政策依据。此后又相继出台文件，鼓励社会主体参与高校办学，以形成政府依法管理、学校依法自主办学、社会各界依法参与和监督的教育公共治理新格局。社会主体参与高校办学主要有以下形式：一是参与高校专业培养方案制定、课程设置和科研合作，开展人才联合

---

❶ 王磊，李慧颖，黄小灵 . 新中国成立 70 年民办高等教育的发展历程、历史经验与保障机制［J］. 浙江树人大学学报，2019（6）：31

培养。二是参与高等教育评估。三是参加高校理事会或董事会，为高校提供咨询服务，审议高校发展重大事项，对高校的办学活动进行监督。四是在高校设立发展基金、教师奖励基金和学生奖学金，对高校办学施加影响。总体来看，社会主体参与高校办学活动还不够深入、规范，需要进一步改革推进。

5. 实施世界一流大学和学科建设战略

中国高等教育长期以来存在大而不强的问题。作为一个世界大国，中国有强烈的建设世界一流大学、彰显国际影响力的期望和需求。1995 年，中国实施了"211 工程"，目的是面向 21 世纪，重点建设 100 所左右的高等学校和一批重点学科。1998 年，实施了"985 工程"，目的是建设若干所具有世界先进水平的一流大学。分别有 116 所和 39 所高校入选了"211 工程"和"985 工程"。2015 年 10 月，国务院印发《统筹推进世界一流大学和一流学科建设总体方案》，"双一流"建设成为中国高等教育新的发展战略，目的是建成一批世界一流大学和一流学科，以提升中国高等教育综合实力和国际竞争力。2017 年 9 月，教育部等部委公布了首批世界一流大学和世界一流学科建设高校及建设学科名单，共有 137 所高校入选，其中世界一流大学建设高校 42 所（A 类 36 所，B 类 6 所），世界一流学科建设高校 95 所；双一流建设学科共计 465 个。"双一流"建设的总体目标是到 2020 年，若干所大学和一批学科进入世界一流行列，若干学科进入世界一流学科前列；到 2030 年，更多的大学和学科进入世界一流行列，若干所大学进入世界一流大学前列，一批学科进入世界一流学科前列，高等教育整体实力显著提升；到 21 世纪中叶，一流大学和一流学科的数量和实力进入世界前列，基本建成高等教育强国。为了确保建设质量，"双一流"建设打破了以往的身份固化模式，实施动态管理，每 5 年为一个周期。地方政府也根据"双一流"建设的要求，对本辖区的高校实施了省级"双一流"建设。中国通过实施世界一流大学和世界一流学科建设，有力地提升了高等教育的水平，越来越多的高校和学科进入世界高水平大学和学科行列，在全球高等教育领域的竞争力越来越强。

6. 注重国际交流与合作

中国高等教育自改革开放后就秉持着开放、包容的精神，注重学习借鉴欧美发达国家高等教育发展、高校治理等方面的经验，力图通过加强国际交流与合作来提升自身水平。随着"一带一路"倡议的提出，中国高等教育更加开放和自信。2016 年，中共中央办公厅、国务院办公厅印发了《关于做好新时期教育对外开放工作的若干意见》，部署了新时期的教育开放工作。2017 年，"国际交流与合作"被确定为高校的第五大职能，有力地提升了高校国际交流与合作工作的地位。2020 年，教育部等部委印发了《关于加快和扩大新时代教育对外开放的意见》，将教育对外开放作为实现教育现代化的重要推动力。

中国高等教育的国际交流与合作是从向海外选派留学生开始的，当前的国际交流与合作形式已经非常丰富和多样。一是向海外选派留学生和交换生，吸引外国学生到中国高校留学，开展人才国际联合培养。二是选派管理干部到国外高校学习国外高水平大学的治理经验，有计划地派出高校教师到国外高校留学、访学和科研合作，引进国外师资到中国高校任教。三是与国外高校在中国举办中外合作办学机构和项目，引进国外高校的优质高等教育资源，满足中国学生对优质高等教育资源的需求。四是中国高校到国外办学。五是邀请外国专家到中国参加学术会议，组织中国高校专家学者到国外参加国际学术会议。中国高等教育通过国际交流与合作，提高了高校治理水平，培养了大量具有国际视野和全球竞争力的优秀人才，以及众多知华友华的国际友人，向国际社会贡献了教育治理的中国方案。

六、金砖国家高等教育的共性和差异性

作为新兴的国际合作交流机制，金砖国家除了政治、经济领域的合作外，高等教育也是重要的合作领域。比较五国的高等教育，既有很多共性，又存在很大的差异性，共性主要体现在宏观方面，差异性主要体现在微观方面。

（一）金砖国家高等教育的共性

1. 围绕经济建设发展高等教育、培养高素质人才

金砖国家经济的快速发展，高等教育提供的人力资源和科技文化助力是重要的因素。而为了促进经济发展，金砖国家又围绕经济建设，增加对高等教育的投入，培养经济发展急需的人才，来满足经济增长的需求。

一是扩张高等教育规模，从精英化向大众化发展。金砖国家在近三四十年间，实施了大规模的高等教育规模扩张，普遍从高等教育的精英化阶段迈向大众化阶段，既满足了民众不断提升的接受高等教育的需求，也为经济发展培养了大量高素质的人才。以美国在 1990 年的高等教育规模为基准进行比较，中国、印度、巴西三国的高等教育规模为 850 万人，但同期只有三国总人口 1/8 的美国的高等教育规模却有 1300 万人。如进行纵向比较，1990 年巴西的高等教育入学率仅相当于美国 1935 年的水平，印度相当于美国

1920 年的水平，而中国仅有印度的 1/3，落后美国 100 多年。经过几十年的努力，金砖国家高等教育规模得到了跨越式发展，入学率也有了极大提升。巴西的高等教育毛入学率在 2017 年达到 51%，在校生规模超过 600 万人。印度的高等教育毛入学率在 2018 年达到 28.1%，在校生规模为 3740 万人。俄罗斯的高等教育毛入学率在苏联时期实现大众化基础上进一步提升，2015 年达到 76.1%，在校生人数 2007 年达到 730 万。南非在废除种族隔离制度后，大力扩张黑人和其他有色人种的高等教育规模，2014 年公立高校的在校生规模为 97 万人，2017 年高等教育毛入学为 22.37%。中国 2019 年的高等教育规模为 4002 万人，位居世界第一，高等教育毛入学率为 51.6%。这些数据表明，金砖国家向高等教育投入了大量资源，促进了高等教育的快速发展，培养了大量的高素质人才，反过来为经济增长提供了强大动力。

二是区别了高校的不同类型，为经济发展培养不同类型的人才。金砖五国都对高等学校区分了不同的类型，如印度的中央大学、邦立大学、荣誉大学和私立大学，南非的大学、综合型大学和技术型大学，中国的世界一流建设大学、世界一流学科建设大学、应用型大学、职业技术学院等，各类高校都有不同的人才培养目标，培养不同类型的人才，以适应经济发展对多种类型人才的需要。

三是围绕经济发展设置学科和专业。金砖五国高校都根据经济发展对人才的需求，及时调整学科和专业设置，开设和发展适应经济发展需要的新学科和新专业，培养经济发展需要的新型人才。如印度经济发展较快，IT、生物技术、制药等行业在全球具有较强的竞争力，很多大学都开设了 IT、生物技术、制药等学科和专业，培养了规模长期位列全球第三的工程技术、IT 技术、生物技术类人才。中国近年来重视人工智能产业发展，但相关人才缺乏，在政府的引导下，自 2018 年以来，有 230 多所大学开设了人工智能本科专业。

四是建立了高等教育质量标准，通过评估评价来保障教育质量。金砖国家都根据本国国情，建立了高等教育质量标准和评估评价制度。如俄罗斯颁布了《高等职业教育国家教育标准》并多次修订完善，要求高校强制执行。中国建立了本科教学工作水平评估、本科教学工作审核评估、高校学科评估等制度，定期对高校进行评估评价，促进高校提高教育和人才培养质量。

金砖国家围绕经济建设发展高等教育的举措，扩大了各国的高等教育规模，提升了高等教育的整体水平，培养了大量高素质人才，夯实了经济增长的基础，为金砖国家引领全球经济增长做出了积极贡献。

2. 中央政府在高等教育发展中的作用巨大

在金砖国家中，除中国实行社会主义制度外，其他四国都是实行的联邦制、民主共和制的资本主义制度。一般说来，中央集权型国家的中央政府在各个社会子系统的政策导向、资源配置和转型发展中占据着主导地位，中国是典型代表。但考察金砖国家的高等教育，会发现不仅是中国，其他四国的中央政府都在高等教育发展中扮演着举足轻重的角色，这是由其长期历史积淀形成的制度和文化基因决定的。

巴西的政治体制深受以"集权统治"为特征的葡萄牙殖民历史和军人执政历史的影响，其最终形成的以"总统制"为核心的联邦共和制，被称为新形式的"集权统治"❶，中央政府在社会治理和资源配置中居于首要位置。在高等教育领域，中央政府的作用非常突出。军政府统治时期的 1968 年制订的教育计划中明确提出："高等学校要无一例外地由免费公立研究型大学构成，从而达成对高等教育系统的完全控制"❷。20 世纪 80 年代后，公立高等教育难以满足民众对接受高等教育的迫切需求，1999 年，巴西政府出台法案，允许私立高校营利，有力地刺激了私立高等教育的发展。从 20 世纪末到 21 世纪初，巴西为了掌控高等教育的发展，不断强化中央政府在高等教育发展中的责任，制定了一系列高等教育法律法规和政策，如 1996 年修订了《全国教育方针和基础法》，明确规定了巴西教育的目的、手段和权力分配，中央政府牢牢掌握着高等教育的统筹权。

俄罗斯在苏联时期长期实行中央集权的计划经济体制，奉行"国家主义"的政治思想，强调高等教育要为国家利益服务，对高等教育实行高度集权的领导和管理。苏联解体后，俄罗斯的政治体制发生了很大的变化，对高等学校也不再实施苏联时期的一元制集权管理，但中央政府仍牢牢掌握着高等教育发展的主导权。如高等教育法律法规由中央政府统一制定，高等教育标准、培养方向和专业目录由俄罗斯国家高等教育委员会制定，要求各高校强制执行，新建高校确定办学类型、已办高校变更办学类型均需专门的审批机构批准，联邦大学由国家高等教育委员会统一管理等，充分显现出中央政府在高等教育发展中的重要地位。

印度在历史上不是一个统一的国家，但独立后国大党一党独大并长期执政，形成了权力集中于中央政府的"中央集权"格局，并对印度的国家治理产生了深远的影响。1950 年印度宪法虽然规定了中央政府和地方邦政府合作治理高等教育的管理体制，但同时又赋予中央政府在高等教育发展上无与伦

---

❶ 孙伦轩，陈·巴特尔.高等教育转型中的国家行为——"金砖四国"的实践及经验[J].清华大学教育研究，2017（2）：76

❷ 蒋洪池.巴西高等教育之嬗变[J].高等农业教育，2005（1）：93

比的权力，历届国大党中央政府牢牢控制着高等教育，特别是通过大学拨款委员会掌握了高等教育的财政权。到 20 世纪 80 年代中期国大党一党独大的局面被打破，印度中央政府仍坚持对高等教育资源特别是高水平大学的绝对控制，推动了印度高等教育规模的迅速扩张和入学率的快速提升。

南非在废除种族隔离制度后，实行"总统制"的民主共和政治体制，中央政府在国家治理中掌握着绝对的话语权。在高等教育领域，南非确立了中央政府管理高等教育的体制。1994 年以来南非制定的高等教育法律法规和政策，实施的高校合并重组、招生制度改革、平权行动以及 2018 年开始推行的免费高等教育政策，都是在南非中央政府的主导下出台和推进的。

中国在 20 世纪末 21 世纪初确立了中央和省级政府分级管理高等教育的体制，但中央政府的话语权更大这一事实是确定无疑的，大到高等教育法律法规的制定，重大高等教育政策的出台，小到新建高校的设立、已建高校的升格与更名、中外合作办学机构和项目的审批、博士点的设立等，都由中央政府掌控。可以说，中央政府对高等教育的影响力面宽层深，无处不在。也正是由于中央政府对高等教育发展主导权的掌控，使得中国的高等教育政策和改革措施在高校得到有力推行，高等教育规模不断扩张，教学质量不断提升，全球影响力不断扩大。

深入分析金砖国家中央政府在高等教育领域不可忽视的主导性作用的根源，除政治、制度、文化等因素外，五国的高等教育都处于转型发展期是重要的原因。俄罗斯的高等教育发展历史悠久，教育水平高，很早就解决了高等教育普及化问题，但苏联解体的经济下滑及后来的国际制裁，造成高等教育经费不足、质量下滑严重，同时又面临着激烈的国际竞争，需要中央政府来统筹高等教育的发展。中国、巴西、印度和南非都是新兴的经济体且都属于发展中国家，市场经济和社会政治秩序还不健全，非常需要中央政府对高等教育的发展保持统率力和威慑力，以国家强制力来规划、推进高等教育的改革发展，来获取民众对政府的认可。

3. 着力推进高等教育公平

教育公平是教育发展的应有题中之义，欧美发达国家所强调的教育普及、高等教育大众化和教育质量提升，都是教育公平的应有外延❶，是金砖国家孜孜以求的发展目标。

---

❶　王建梁，武炎吉. 后发未至型教育现代化研究——以印度、巴西、南非为中心的考察 [J]. 社会科学战线，2020（3）：222

俄罗斯是高等教育发达国家，在20世纪80年代即实现了高等教育的大众化。苏联解体后，俄罗斯政府仍然致力于发展高等教育，以破解高等教育学生生源分布、入学起点、取得学业成就等方面的不平等问题，但有关研究显示，即使随着高等教育规模的扩张，高等教育毛入学率达到76.1%，实现了高等教育的普及化，但俄罗斯仍存在入学起点不平等的问题，突出表现在形成了阶层固化，蓝领工人家庭的子女只有40%的机会能够进入教育质量高的综合型大学，远低于领导干部阶层和行业精英家庭的子女❶。巴西、印度和南非分别强制推行"平权行动"，努力促进高等教育公平，虽然取得了积极的成效，但都没有完全解决高等教育不公平的问题。巴西要求公立高校必须为从公立中学毕业生、黑人、残疾人和低收入家庭学生预留50%的入学名额，增加边远地区的高等教育资源，向弱势群体学生提供资助，但仍有大量弱势群体学生不得不进入教育质量较差的私立高校并承担高昂的学费。印度宪法要求高校为弱势群体学生保留22.5%的学位，但由于不重视基础教育，很多弱势群体学生在中学即辍学，造成高等教育生源不足，反而加剧了高等教育的不公平。南非的情况与印度相似，废除种族隔离制度后实行了平权行动和招生制度改革，努力打破传统的优势大学与弱势大学、白人大学与黑人大学之间的藩篱，废除以种族作为入学唯一标准的招生制度，有效提升了黑人、其他有色人种、妇女接受高等教育的机会，消除了不同种族之间高等教育资源不均衡的现象。2018年祖马政府实施的免费高等教育政策，使更多的弱势群体家庭学生受益。但由于大量黑人学生中途退学，能够顺利毕业的黑人学生的比例只有白人学生的一半。

中国在促进高等教育公平上做出了巨大努力。1998年开始实行的高校大规模扩招政策，使高等教育规模迅速扩张，提升了各类群体学生接受高等教育的机会。高校招生对少数民族学生实行了优惠照顾政策，对家庭经济困难学生实行了奖、助、贷相结合的扶持措施，保证学生不会因家庭经济困难原因而中断学业。当前中国高校在校生规模稳居世界第一位，高等教育正在从大众化阶段向普及化阶段迈进。20世纪90年代以来实施的"211工程""985工程"，以及2015年10月颁布的《统筹推进世界一流大学和世界一流总体方案》和近年来实行高等教育领域综合改革措施，都是在高等教育规模扩张的基础上提高高等教育水平和质量，满足人民群众日益增长的接受优质

❶ 陈·巴特尔，赵兴晨.社会成层视角下俄罗斯高等教育转型中的公平问题研究［J］.山东高等教育，2016（1）：19－21

高等教育需求的务实举措，并取得了显著成效。2020 年 QS 世界大学排名显示，中国内地有 42 所高校入选，其中 6 所大学进入前 100 强；在 2020 年 QS 世界大学学科排名中，中国内地有 18 所大学的 100 个学科进入前 50 强。这些在金砖国家中都是首屈一指的。

通过对金砖国家高等教育的考察，可以看出五国政府通过扩张高等教育规模、实行倾向于弱势群体的招生政策、对家庭经济困难学生提供资助、提高高等教育质量等政策和措施，有力地缓解了高等教育的不公平，这是金砖国家高等教育发展的伟大成就。但高等教育不公平的问题还是客观存在且很难解决的，即使欧美高等教育发达国家也存在高等教育的不公平，最根本的原因是家庭经济状况和社会地位。不同收入阶层学生的入学机会不平等，是金砖国家高等教育体系的典型特征❶。无论在哪个国家，家庭经济状况优越的学生总会有更多机会获得高质量的基础教育和中等教育，在进入大学特别是精英大学方面抢占了先机。家庭经济状况差的学生从一开始就输在了起跑线上，高昂的学费是他们获得高质量基础教育和中等教育的巨大负担，不得不选择较差的基础教育和中等教育，进入大学特别是精英大学的机会比家庭经济状况优越的学生小得多。在金砖国家中，领导干部阶层和社会精英阶层为他们的子女进入精英大学提供了强大助力，而普通的工薪阶层家庭则很少为他们的子女提供帮助。政府对高等教育的财政拨款和补贴是造成高等教育地域不公平的重要原因。中央政策更乐于将资金投向精英大学，以彰显高等教育的发展成效，培养高水平的人才，来获取民众对政府施政的认同，而精英大学又往往是位于经济发达地区的，经济发达地区的政府也更有能力向高等教育投资。在中央政府和地方政府双重投资叠加效应的作用下，经济发达地区的学生获得优质高等教育的机会，要远远大于经济欠发达地区。所以，我们可以得出这样的结论：高等教育只有相对的公平而没有绝对的公平。

4. 重视发展私立高等教育

金砖国家是世界上的新兴经济体且人口众多，仅靠政府对公立大学的投入，不足以满足民众对接受高等教育的需求，同时五国又需要构建良性的高等教育生态，形成高校间的竞争，因此发展私立高等教育就成为政府的必然选择。私立高等教育可以强化高等教育竞争机制，激发发展活力，促进高等教育质量提升；可以在一定程度上打破公立高等教育的垄断地位，促进教育

---

❶ 马丁·卡诺依，等 . 知识经济中高等教育扩张是否促进了收入分配平等化［J］. 北京大学教育评论，2013（2）：72

生态的多元化；还可以缓解政府对高等教育投入的不足，扩大高等教育整体规模，促进高等教育的大众化❶。

巴西在政府财政资金有限、民众对高等教育需求日益膨胀的情况下，大力发展私立高等教育，私立高校在校生人数在 2013 年已占到高校学生总数的 75.4%，承接了巴西高等教育规模增长的主要任务。俄罗斯通过发展私立高等教育，改变了政府统一办高等教育的局面，缓解了财政资金的紧缺，为俄罗斯高等教育的普及化发展做出了突出贡献。印度独立后对私立高等教育持否定态度，但在 20 世纪 80 年代中期随着社会向市场化、私有化转型，于 1986 年开始出台支持私立高等教育发展的政策，私立高等教育机构数量急剧膨胀，为优化高等教育布局、解决这个人口大国的高等教育入学率偏低的问题打下了坚实基础。南非在废除种族隔离制度后才开始支持私立高等教育的发展，强调私立高等教育是对公立高等教育的补充而非挑战。中国在改革开放后允许民间力量举办高等教育，2002 年 12 月颁布《民办教育促进法》之后，私立高校蓬勃发展起来。到 2019 年，民办高校（含独立学院）已发展到 757 所，在校生 708 万人，成为中国高等教育体系中的重要组成部分。

金砖国家私立高校在满足民众接受高等教育的需求、提升高等教育入学率等方面发挥了重要作用，但与各国的公立高校相比，私立高校的教育质量明显偏低，这说明金砖五国把重点放在了公立高等教育的发展上，私立高等教育虽受重视，但仍处于发展中阶段，未来的发展之路仍然漫长。

5. 重视拓展国际交流与合作

金砖国家认识到高等教育在提供高质素人力资源、促进经济增长中的重要作用，采取了开放型的高等教育发展道路，积极寻求国际交流与合作，来促进本国高校学习借鉴发达国家高水平大学的办学经验，提升高等教育的全球竞争力，培养具有国际视野的优秀人才。金砖国家高等教育国际交流与合作，呈现出明显的与本国外交关系同向而行的特征。

俄罗斯拥有良好的高等教育基础，但由于与美国存在激烈的战略竞争关系，发展重心在欧洲部分，因此把高等教育国际交流与合作的重点放在了西欧，突出的表现是俄罗斯于 2003 年签署了《博洛尼亚宣言》，加入了欧洲高等教育共同空间的建设，在学位、学制、学分等方面与欧洲接轨，以赢得西欧国家对俄罗斯高等教育的认可。进入 21 世纪，中俄两国的政治互信和经

---

❶ 王建梁，武炎吉. 后发未至型教育现代化研究——以印度、巴西、南非为中心的考察 [J]. 社会科学战线，2020（3）：222

济往来日益加深，俄罗斯开始强化与中国的高等教育交流与合作，吸引了大量中国学生到俄罗斯留学，与中国高校举办了许多中俄合作办学机构和教育项目。印度、巴西和南非在政治体制、意识形态上与欧美发达资本主义国家没有直接的利益冲突，因而与欧美发达国家的高等教育交流与合作较多，但由于三国高等教育水平不高，限制了交流与合作的广度与深度，因而注重与周边国家的合作，如巴西高等教育国际交流与合作的重点在南美洲，南非则侧重于南部非洲国家。中国长期奉行全方位和平外交政策，与世界上大多数国家建立了广泛的友好合作关系，高等教育领域亦是如此，重点是拓展与高等教育发达国家的交流与合作。中国高等教育国际交流与合作主要采取举办中外合作办学机构和项目、向国外高校派出交换生、吸引外国学生到中国留学等形式。2016 年 4 月中共中央办公厅、国务院办公厅发布了《关于做好新时期教育对外开放工作的若干意见》，对新时期的教育对外开放工作进行了部署；2017 年中共中央、国务院发布的《关于加强和促进新形势下高校思想政治工作的意见》，将国际交流与合作确定为高校的第五大职能，开启了高等教育国际交流与合作的新征程。到 2018 年，中国高校与国外高校举办的中外合作办学机构和项目有 2342 个，其中本科以上机构和项目有 1090 个，有 49 万余名外国留学生在中国的 1004 所高等院校学习。

6. 高等教育发展各有不足，需要学习借鉴

金砖国家高等教育虽然取得了非凡成就，但无论是与世界高等教育发达国家相比还是五国相互比较，都存在短板和不足。一是高等教育经费投入面临巨大压力。金砖国家普遍存在高水平大学经费较为充足、普通大学经费保障较弱的问题，特别是经济增长的减缓导致政府财政资金投入的减少，给普通大学的发展带来了很大的不利影响，需要拓宽筹资途径，保持高等教育的持续稳定发展。二是高等教育的全球竞争力较弱。金砖五国高等教育规模普遍偏大，但在全球高等教育竞争力报告中的综合排名和指标排名普遍靠后，只有俄罗斯的高等教育毛入率指标进入了全球前 20 名，其他四国都还有很大的努力空间。在 QS 世界大学综合排名中，只有中国和俄罗斯的大学能进入前 100 名，且入选高校数量少，与高等教育规模相比严重失衡。中国和印度的高等教育质量虽然优于其他三国，但庞大的高等教育规模和经费投入的不均衡，限制了高等教育质量的整体提升。俄罗斯由于受到经济制裁，巴西由于近年来经济增长缓慢，对高等教育的投入不足，高等教育质量下滑较快。巴西、印度和南非虽然实施了高等教育的平权行动，努力提高弱势群体接受高等教育的机会，但教育不公平的现象仍然突出。三是金砖国家间的高等教育交流与合作还不充分。虽然成立了"金砖国家网络大学"这一金砖国家高等教育交流与合作机制，但还没有就人才培养模式、专业课程体系、学位互认、学位授予等达成普遍接受的一致意见，金砖国家网络大学成员高校间的研究比较表面化，缺乏深度的相互学习借鉴。就中国而言，与俄罗斯高校间的交流与合作比较密切，但由于政治、经济、语言、距离等原因，与印度、巴西和南非高校间的交流与合作偏少，对相应的金砖国家网络大学成员高校的深度研究更少。

（二）金砖国家高等教育的差异性

1. 人才培养目标和规格

培养目标是人才培养的根本依据，培养规格是培养目标的具体化。一个国家不同层次高等教育的人才培养目标和规格，会随着社会对人才需求的变化而变化，同一时期不同层次、不同类型高校的人才培养目标和规格也不尽相同。金砖国家高等教育有各自的发展传统和现实状况，处于不同的发展阶段，即使同一教育层次的人才培养目标和规格，也存在很大的差异性。本书以本科层次的人才培养目标和规格进行考查。中国高等教育自新中国成立后到改革开放前，以培养专门型人才为主。改革开放后，随着高等教育规模不断扩大，人才培养与社会经济发展需求的供求关系发生了很大变化，专门型人才已不能适应社会需求。1998 年召开的第一次全国高校教学工作会议，确立了全面发展的、符合社会主义建设实际需要的高级专门人才的培养目标，并明确规定本科教育要"培养基础扎实、知识面宽、能力强、素质高的高级专门人才"。十八大以来，中国高等教育正在从大众化阶段向普及化阶段迈进，经济社会发展对人才培养提出了新要求，创新型人才成为高校的人才培养目标，既要求人才拥有知识和技能，更应具备创新意识和创新能力。而对不同层次、不同类型的高校来说，人才培养规格不尽相同，"双一流"高校以培养学术研究型人才为主，其他办学水平较高的高校以培养应用型人才为主，刚升本的高校主要培养技术型人才。各专业具体的培养目标和规格，要由专业人才培养方案来确定。俄罗斯是高等教育发达国家，在苏联时期注重培养专而精的专门型人才。苏联解体后，随着经济体制的变革，俄罗斯政府意识到专门型人才与经济发展需求之间的不适应，于是对高等教育的培养方向和专业目录进行调整、重组，使得培养方向和专业数量大幅度减少，目的是培养具有更宽专业基础的人才。印度、巴西和南非深受欧洲高等教育的影响，国家不统一设定人才培养目标和规格，而是由大学自主设定，使得相互之间的差异性更大。

2. 学位与学制

金砖五国都有从学士到博士的完整的学位体系，但受高等教育发展指导思想和历史传统的影响，在学位和学制上存在一些差异。本书以本科教育为例进行考查。巴西的本科修业年限为 2～6 年不等，其中航空和外交专业等为 2 年；哲学、文学、新闻、体育等为 3 年；社会学、图书馆学、经济学、数学等为 4 年；建筑、工程、法律等为 5 年；医学、矿业、冶金、艺术等为 6 年。达到学位授予条件，可以授予学士学位。俄罗斯本科教育属于基础高等教育范畴，基本学制是 4 年，通过考核后，可以授予学士学位。学生在获得不完全教育文凭后再继续接受 2 年的基础高等教育（相当于我国的专升本），也可以获得学士学位。但学生在接受 5～6 年的高等教育并通过考核，可以不授予学士学位而获得专家文凭，同时获得"工程师""医生"等不同职业领域的称号。专家文凭是俄罗斯高等教育的特色，被我国及欧美国家承认是硕士学位水平的文凭。印度的学士学位分普通学士学位和荣誉学士学位两种类型。普通学士学位的修业年限一般为 3～5 年，文、理、商、教育等专业为 3 年，农学、工程、药学、技术、牙医学、兽医学等专业为 4 年，建筑学、医学则需要 5 年或 5 年半，法学专业的修业年限更长。荣誉学士的修业年限比普通学士学位多 1～3 年。南非的学士学位包括学术性学士学位、专业性学士学位、荣誉学士学位三种类型。获得学术性和专业性学士学位至少需要 3 年时间；荣誉学士学位（相当于中国大学的本科毕业）至少需要 4 年（包括 3 年学士学位课程）。在理工学院，获得技术学士学位需 4 年。中国学士学位的基本学制是 4 年，建筑学、医学等专业的修业年限则要长 1～3 年。由于实行学分制和弹性学制，获得学士学位的时间可能更长。专升本的学生在经过 2～3 年的本科阶段学习，也可以获得学士学位。

3. 专业设置

金砖五国高校的专业设置具有很大的差异性，一个国家高校的专业，很难在其他四国找到相同的专业，即使有类似的专业，但专业内涵也有很大的不同。印度和南非曾是英国的殖民地，高等教育具有明显的英式特征，高校在专业设置上享有很大的自主权。俄罗斯和中国对高等教育实行严格的管控，高校设置专业必须经过政府的审批。专业设置精而窄是俄罗斯高等教育的显著特点，在苏联时期即已存在，虽然进行过三次大的专业调整，但没有破解实质性问题。苏联解体后，俄罗斯政府开始酝酿对专业设置进行改革。1994 年和 2000 年，俄罗斯先后两次对高等教育培养方向和专业目录进行调整，培养方向和专业总数大大压缩。至 2015 年第三代国家教育标准体系推出后，学士层次共 185 个专业方向，硕士 201 个专业方向，专家 123 个专业方向，共计 509 个专业方向。从改革方向上看，俄罗斯力图改变专业设置较细的情况，使得人才培养方向更加宽广，但实施效果并不明显，人才培养的方向性仍很强，学科交叉、专业融合的格局仍未形成。中国高校的专业设置需要根据教育部公布的高等院校本科目录设定。目前中国本科专业目录共有哲学、经济学等 12 个学科门类、92 个专业类、352 种基本专业和 154 种特设专业❶，虽然强调要扩大专业的培养基础，但专业设置仍显得过细。高等院校在实际执行过程中，会对基本专业进行部分扩充或改变，比如将能源与动力工程专业细分为热能动力、水能动力、新能源、内燃机等方向，因此实际统计专业数量要高于目录所规定的 506 个专业。

4. 课程体系

金砖国家高校由于人才培养目标和专业内涵存在差异，专业的课程体系的差异性更大。如俄罗斯高校可以根据自身的特点和需要来灵活地制订教学计划，因此使课程结构更加多样化。任何一个培养方向的课程，都由国家考试类基础课程、数学和自然科学性基础课程、职业基础性课程、专业课程和选修课程五类课程组成，前三类课程又分别包括联邦级、地区级和学生自主选择三类课程。从课程结构的总结情况看，地区级和学生自主选择的课程占有相当的比例，体现了课程结构多样化的特征。中国教育部于 2012 年推出《普通高等学校本科专业类教学质量国家标准》，对不同专业的课程体系、毕业要求等做了明确规定，将本科层次课程设置为理论课程、实践课程和毕业设计（论文）三个环节，其中理论课程包括通识类课程、专业基础类课程和专业方向类课程三个部分，思想政治理论课是必修课程。

即使一个国家内的不同高校，在相同专业的课程设置也有很大不同，且在持续变化之中。以能源领域为例，印度理工学院孟买分校将能源领域的本科人才培养隶属于能源科学与工程系，在课程设计方面灵活性很强，且随时间和时代的发展而不断修正，学生要完成必修环节和选修环节的课程，其中选修环节的课程就有 42 门。印度理工学院瓦拉纳西分校的能源领域本科人才培养设置在化学工程系，课程体系更加偏重化学相关内容，包括基础科学课程、专业基础课程、拓展型专业课、计算机与控制类课程、人文类和英语

---

❶　教育部．普通高等学校本科专业目录（2012 年），http：//www.moe.gov.cn/srcsite/A08/moe_1034/s3882/201209/t20120918_143152.html

类课程等五种类型。

　　金砖五国作为世界上的新兴经济体，迫切希望加深交流与合作，构建命运共同体，成为引领世界经济增长的重要力量。高等教育是金砖国家重要的交流与合作领域，金砖五国充分认识到高等教育在促进经济增长中的重要作用。金砖国家网络大学合作机制得到了金砖五国政府的高度认同和有力推动，金砖国家网络大学年会已召开了 5 次，每次年会五国代表都进行广泛深入的研讨协商，达成的共识成为金砖国家领导人会晤的重要成果。构建通用于金砖国家网络大学的人才培养模式，有利于金砖五国培养具有国际视野和全球竞争力的优秀人才，为五国经济发展提供有力的人力资源支撑。金砖国家网络大学有关成员高校正在采取务实行动，开展人才培养合作，围绕六个优先合作领域，对相同或近似学科和专业的人才培养模式进行研讨、协商，取得了明显成效。有充分的理由相信，经过不断探索，问题一定能逐渐破解，金砖国家网络大学一定会走出一条人才培养国际合作的新路。

第三章 金砖国家本科
人才培养体系研究

一、人才培养体系概述

人才培养体系是指在一定的教育理论、教育思想指导下，按照特定的培养目标和人才规格，以相对稳定的教学内容和课程体系、管理制度和评估方式，实施人才教育的过程的总和。包括四层含义：培养目标和规格；为实现一定的培养目标和规格的整个教育过程；为实现这一过程的一整套管理和评估制度；与之相匹配的科学的教学方式、方法和手段。完整的人才培养体系组成包括专业设置、课程体系、培养模式和教学方法等。

（一）专业设置

高等学校本科专业设置的依据包括以下几个方面。

1. 培养目标

社会要求人才具有知识的广泛性与学校培养人才的专业性之间总是存在矛盾。大学本科阶段学习年限有限，学生在校期间只能掌握一定的基础理论、专门知识和技能，毕业后也只能在一定范围内适应工作需要，不可能掌握服务对象所涉及的所有知识领域。在高校本科教学中，要让一个专业涉及过多的学科，又没有明确的主干课程，就会使学生掌握的知识和技能缺乏系统性、整体性。

同时，社会需求的多样性、变化性与人才培养的相对稳定性之间也会有矛盾。社会分工很细，行业众多，不能设想社会上的所有行业、所有职业岗位都在高校设立相应的专业。大学教育的培养目标是沟通反映社会对人才要求的标准和学校培养人才专业性标准之间的桥梁，从某种程度上协调了社会要求人才具有知识的广泛性与学校培养人才的专业性之间的矛盾。正因为培养目标的这一功能，使得它成为高等学校专业设置的重要依据之一。

2. 社会需要

学校办学成功与否，从某种程度上是由人才市场来评判。所以，选择设置市场需求旺盛的新专业就显得非常重要。如果一个专业的毕业生不被用人单位认可，找不到适合自己专长的工作，则很难说该校的办学是成功的。因此，在设置新专业之前，对人才市场的需求进行深入调研，确定出当前和今后一定时期社会对哪类人才需求较旺，从而决定开办相应的专业，成为许多高校设置专业的必走步骤和必要行动，以避免教育资源和人才的浪费，提高办学效益。如果某专业的毕业生一直受到人才市场的接纳，甚至达到供不应求的状态，则在一定程度上说明了该专业的设置是正确和成功的。

主动适应并积极服务于经济社会建设，培养符合社会发展需要的各方面的高级人才，是高校办学的宗旨和任务。在当前我国社会主义市场经济体制基本确立的情况下，高校如何更好地主动适应社会、服务社会，主要体现在人才培养的规格和质量上。高校培养什么样的人才？培养的人才应具备怎样的知识结构？毕业生是否受到社会的欢迎？是否满足社会发展需求？这些都是高校必须充分考虑的问题。

3. 学科发展

学科是专业的基础，专业的内涵和发展方向要与学科的形成、发展、变化相适应。往往毗邻学科网络状结构的"结合点"是新专业的"生长点"。学科之间往往通过交叉融合，以新的综合或组合方式形成新的专业。

专业内涵是一个动态、开放系统，它无论在时间上还是在空间上，都同发展变化着的学科有着密切的联系。学科发展前沿和经济科技进展的水平往往成为改造老专业的方向，专业的调整需要迅速地把国内外科技发展动态和学科发展动态等经过分析、整理纳入新的专业。

（二）课程体系

一个专业所设置的课程相互间的分工与配合，构成课程体系。课程体系是否合理，直接关系人才培养质量。高等学校课程体系主要反映在基础课与专业课、理论课与实践课、必修课与选修课之间的比例关系上。课程设置是指学校开设的教学科目、各科目之间的结构关系，以及各科目的学分与学时比重的分配。课程设置的研究过程就是课程方案和课程计划的制订过程，所产生的主要教学指导文件是教学计划和教学方案。

1. 课程设置的基本原则

根据课程理论，课程设置的一般原则有：辩证适度原则，实现素质教育目的原则，适合身心发展（循序渐进）原则，经济社会发展需要原则，统一性和多样性相结合原则，综合性和系统性相结合原则，课时分配比例合理原

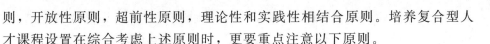

则，开放性原则，超前性原则，理论性和实践性相结合原则。培养复合型人才课程设置在综合考虑上述原则时，更要重点注意以下原则。

（1）实施素质教育原则。普通高等教育人才素质的要求是：兼顾思想道德素质、科学文化素质、业务能力素质、身体心理素质，强调在个性基础上的全面发展。普通高等教育对科学文化素质要求的改革趋势是：科学教育人文化，人文教育科学化，科学与社会、科学与人文、科学与艺术相结合。

（2）适应经济社会发展需要原则。高等教育要为"完美生活做准备"，需求是高等教育的立足之基。课程设置必须考虑课程能否适应现代经济社会发展和生态环境保护的需要。

（3）统一性和多样性相结合原则。统一性指政府部门以指令性文件规定的统一性课程和课程标准，称为国家课程及课程标准。统一性课程多为基础课程。多样性指学校根据所处区域经济发展、形成学校办学特色、培养个性化人才的需要，而自主决定的课程和课程标准，称为学校课程。多样性的课程一般对应为专业课程。

高等教育课程设置不仅要考虑国家课程及课程标准，更要重视学校课程的开发和课程标准的制定。只有两者兼顾，才能提高人才的社会适应性和国际竞争力。从世界范围看，过去非集中管理课程的国家，如美国、英国，都在加强课程统一性的要求；而过去集中管理课程的国家，如法国、俄罗斯、中国等，都在增加课程的灵活性和多样性。

（4）全方位开放原则。高等教育要使学生掌握当前社会主流技术中的核心能力。了解社会信息，掌握主流技术，聘请高水平师资，考取职业资格证书，均涉及课程内容的开放性。增大选修课的学分比例、建设开放式选修课程序涉及课程管理的开放性。课程的多样化、个性化都是课程结构开放性的内涵，也就是说，课程内容、课程管理、课程结构均需开放。

（5）超前性原则。当今时代信息激增，技术半衰期急剧缩短，技术教育较之科学教育，其相对滞后性显得更为突出，因此，预测性、前瞻性的课程设置，成为影响高等教育教学质量的重要因素。培养创新性人才首先必须有创新性课程的设置。新时期水利改革发展趋势所带来的人才结构变化，依据预测后的需求对课程进行超前设置，是高等教育的需要，也是水利类本科专业课程设置的特色所在。

（6）实践性原则。实践环节、实践课程不是依附于理论、验证理论的考查课程，而是实践教学体系的组成部分，是形成实践教学体系一点（实验课）一线（课程设计、课程实习）一面（综合实训、综合实习）一体（毕业实践、毕业设计、职业资格证书考核）各实践环节链接、递进的系统过程。学生综合实践能力的培养，就是在由点连线、由线到面、由面扩体的实践教学过程中形成的。

2. 课程设置的结构模式

当代科学技术知识的增长是快速和无限的，而学历教育的学习时间、学习周期是有限的，每个学生的学习兴趣、能力又是多样化的。因此，高等教育的课程改革需要采用模块化的方式，采用"活模块"，构建不同的课程结构，以适应不同的培养目标。不妨借用高等数学中面积累加的概念，以课程模块侧面面积的大小表示课程学时数的多少。教学计划中每门课的学时数有多少之区别，在课程结构模式中，每个模块也相应有大小之区分。在教学计划总学时数不变，即课程模块组合侧面积总量不变的情况下，讨论课程的结构模式，即课程模块的搭建方式，探讨何种结构模式更适合复合型人才的培养目标，更适合高等教育人才的知识和能力结构。普通高等教育的课程结构模式为活模块组成的梯形结构模式或金字塔形结构模式，梯形结构模式的特点是基础宽厚、专业宽泛；金字塔形结构模式的特点是基础宽厚、专业淡化。

（三）培养模式

对于"人才培养模式"这个概念我国很多学者都对其下过定义。1998 年在教育部召开的第一次全国普通高校教学工作会议上，时任教育部副部长的周远清同志曾对这一概念作出过阐述，他认为所谓的人才培养模式，实际上就是人才的培养目标和培养规格以及实现这些培养目标的方法或手段。它具体可以包括四层含义：一是培养目标和规格；二是为实现一定的培养目标和规格的整个教育过程；三是为实现这一过程的一整套管理和评估制度；四是与之相匹配的科学的教学方式、方法和手段。人才培养模式可以总结为在一定的现代教育理论、教育思想指导下，按照特定的培养目标和人才规格，以相对稳定的教学内容和课程体系、管理制度和评估方式，实施人才教育过程的总和。

《国家中长期教育改革和发展规划纲要（2010—2020 年）》明确提出，教育要坚持能力为重，优化知识结构、丰富社会实践、强化能力培养，着力提高学生的学习能力、实践能力和创新能力。为此，高等学校必须改革现有人才培养模式、加大教学改革力度，必须改变传统的"以知识传授为中心"的课堂教学模式，实施"以学生学习为中心"的学习模式。深化教学改革和加快发展的思路是进一步转变教育教学思想。在教育观念上，要摆脱教育是单一的传授知识的旧观念，落实多样化的人才培养类型。多样化的人才培养类型是国家建设事业的需求，学校在人才培养目标上应找准坐标，定好位置，办出特色。进一步改革教学内容和教材，构建新的课程体系。加强相关的人文科学、社会科学的课程建设，加强实践性教学环节。因此要着力研究改革人才培养模式的重大理论和实际问题，探索形成科学基础、思想品德、实践能力和人文素养融合发展的人才培养新模式。

（四）教学方法

教学模式、教学策略和教学方法都是教学原则、教学规律的具体化，相互之间既有联系，也有一定的区别。

教学模式是在一定的教育思想、教学理论和学习理论指导下，为完成特定的教学目标和内容而围绕某一主题形成的比较稳定且简明的教学结构理论框架及其具体可操作的教学活动方式。教学模式是指在一定的教育思想、教学理论和学习理论指导下的、在某种环境中展开的教学活动进程的稳定结构形式。教学活动进程的简称就是通常所说的"教学过程"。众所周知，在传统教学过程中包含教师、学生、教材等三个要素。在现代化教学中，通常要运用多种教学媒体，所以还应增加"媒体"这个要素。这四个要素在教学过程中不是彼此孤立、互不相关地简单组合在一起，而是彼此相互联系、相互作用形成的一个有机整体。既然是有机的整体，就必定具有稳定的结构形式，由教学过程中的四个要素所形成的稳定的结构形式，就称之为"教学模式"。从这个定义来看，教学模式至少具备以下几个特点：在一定理论指导下；需要完成规定的教学目标和内容；表现一定的教学活动序列及其方法策略。众多教学模式可以归纳为四种基本类型：第一类是信息加工教学模式，第二类是个性教学模式，第三类是合作教学模式，第四类是行为控制教学模式。

教学策略是指不同的教学条件下，为达到不同的教学结果所采用的方式、方法、媒体的总和。教学策略与教学模式的联系都是教学规律和教学原理的具体化，都具有一定的可操作性；二者的区别是教学模式依据一定的逻辑线索指向于整个教学过程，具有相对的稳定性；而教学策略是灵活多样的，结构性显得不足，往往指向于单个的或局部的教学行为。

教学方法是师生互动的方式和措施，最为具体、最具可操作性，某种程度上可以看作是教学策略的具体化。但是教学方法是在教学原则的指导下，在总结经验的基础上形成的，因此具有一定的独立性，其形成和运用受到教学策略的影响。教学策略不仅表现为教学的程序，而且包含对教学过程的元认知（元认知核心是对认知的认知）、自我监控和自我调整，在外延上大于教学方法。

总之，三者之间的关系从理论向实践转化的阶段或顺序看，是从教学理论到教学模式，再到教学策略，再到教学方法，再到教学实践。教学策略是对教学模式的进一步具体化，教学模式包含教学策略。教学模式规定教学策略、教学方法，属于较高层次。教学策略比教学模式更详细、更具体，受教学模式的制约。教学模式一旦形成就比较稳定，而教学策略则较灵活，具有一定的变化性，可随着教学进程的变化及时调整、变动。教学策略和教学方法是不同层次上的概念。教学方法是更为详细具体的方式、手段和途径，它是教学策略的具体化，介于教学策略与教学实践之间。教学方法要受制于教学策略，教学开展过程中选择和采用什么方法，受到教学策略支配。教学策略从层次上高于教学方法。教学方法是具体的操作性的东西。教学策略则包含有监控、反馈内容，在外延上要广于教学方法。

因而，教学方法是在一定教学目标导向下，并受特定知识内容制约的一系列教与学的活动方式与规则。它包括四大要素。

第一，目标要素。教学方法总是体现特定的教育价值观，并指向特定课程与教学目标。

第二，主体要素。教学方法能够被使用主体——教师和学生积极接纳、自主选择和改造，并与主体的个性特征、风格融合于一体，而不是外在于教师和学生需求的被动接受。

第三，对象要素。教学方法具有对象性，受到客体对象的制约。"在教学方法中也和在科学的方法中一样，应该存在客体因素——知识内容，而方法本身应该看成为内容运动的形式。"

第四，活动方式。教学方法依赖于一系列有计划的、有规则的活动方式而存在，属于操作层面的各种手段、方法和技术，但具体的活动方式受到前三个要素的影响，前三个要素中任何一个要素发生变化，就算是同一种教学方法，其活动方式也会发生改变。

教学方法就是这四个要素在不同情境中的联结，它的主要功能在于处理主体和对象物的关系，即是人和知识产生某种联系的中介、桥梁。比如，让学生记住、掌握大量人类"公共知识"的接受学习法，促使学生和知识间形成"占有"的关系，学生"占有"知识。探究法则帮助学生自主发现、建构具有个人意义的知识，使学生"理解"知识。通常情况下，要改变人和知识间的关系，就必须进行教学方法的革新。

教学方法改革是在高等教育课程与教学改革中提出来的一个同步书，旨在对传统教学方法的改造、改进与革新。事实上，教学方法改革的倡导与研究早于课程改革，但以往的教学方法改革主要停留在实验和形式改变，很少从课程知识的立场来讨论教学方法改革的内在逻辑，使得很多改革停留在表层上。所以我们在此提出的教学方法改革，既包括价值层面的知识观、教学观改革，也包括技术层面的方法、手段、操作程序的革新，是二者的统一与相互促进。甄别教学方法改革的成败，一方面要将教学方法置于教学体系中进行研究，不能孤立地就方法本身研究方法，而是需要深入探查教学方法的价值观以及与其他要素的相互关系；另一方面，教学方法更能反映课堂教学实践层面，是能够把知识内容有效转化为学生能力、素质的实践手段，可操作性较强，与教师和学生的个性、能力和行为直接相关。

二、金砖国家本科人才培养体系

（一）中国本科人才培养体系

中国的本科教育属于高等教育的中级层次，与专科教育、研究生教育共同构成了高等教育体系的整体结构，是这一体系中的主干部分。

中国本科教育一般以招收高中毕业生或具有同等学力者为培养对象，实施本科层次通识教育及某一领域的基础和专业理论、知识和技能的教育。本科生的修业年限一般为 4 年，部分专业（如医学、土木工程、建筑学等）为 5 年或 5 年以上。学生在校期间需要按专业培养计划和要求修习有关课程（包括实验、实习、社会调查等），接受某些科学研究训练（如毕业论文、毕业设计）。对于修完所有教学环节并经考核合格的学生，将颁发本科毕业证书及授予学士学位或第一专业学位。通常本科层次的高等教育实施机构为大学和学院。

2019 年，中国共有高等学校 2956 所，其中普通高等学校 2688 所（含独立学院 257 所），普通本科院校 1265 所。普通本专科招生 914.9 万人，在校生 3031.5 万人，毕业生 758.5 万人❶。

---

❶ 中国教育概况——2019 年全国教育事业发展情况 http：//www.moe.gov.cn/jyb_sj-zl/s5990/202008/t20200831_483697.html

1. 专业设置

中国本科高等教育受教育部直接管理或地方政府教育管理部门管理，专业设置需要根据教育部高等院校本科目录设定。目前中国本科专业目录共有哲学、经济学等 12 个学科门类，92 个专业类，352 种基本专业和 154 种特设专业❶。但是在高等院校实际执行过程中，会根据实际情况对基本专业进行部分扩充或改变，比如将能源与动力工程专业细分为热能动力、水能动力、新能源、内燃机等方向，因此实际统计专业要高于目录所规定的 506 个专业。

2. 课程体系设置

中国在 1950 年颁布的《关于实施高等学校课程改革的决定》，提出了课程专门化的要求。2012 年教育部推出的《普通高等学校本科专业类教学质量国家标准》（简称《标准》）❷，对不同专业的课程体系、毕业要求等做出了明确规定。《标准》中将本科层次课程设置为理论课程、实践课程和毕业设计（论文）三个环节，其中理论课程包括通识类课程、专业基础类课程和专业方向类课程三个部分。根据《标准》，中国本科层次高等教育要求在不同环节和部分修够相应学分，并达到环节考核标准。在目前执行的课程体系要求中，通常按照 16 学时 1 个学分的方式进行计算。《标准》中根据专业不同分别设置了建议学分。

《标准》中对不同专业课程体系的占比提出了建议。2016 年教育部推出的工程教育认证标准对这一比例进行了进一步细化，目前中国本科高等教育课程体系通常对标这一标准执行。工程教育认证标准中规定，在工程类本科专业课程设置中，数学与自然科学类课程至少占比 15%，工程基础类课程、专业基础类课程与专业类课程至少占比 30%，工程实践与毕业设计（论文）至少占比 20%，人文社会科学类通识教育课程至少占比 15%。

（二）俄罗斯本科人才培养体系

1. 高校类型

俄罗斯高等学校根据教育层次和专业范围分以下三种类型。

（1）综合大学（университет）。实施高等职业以及大学后续职业教育；专业设置较多；培养研究生，承担教学和科研人员的培训进修；开展多学科

---

❶　教育部. 普通高等学校本科专业目录（2012 年）http：//www. moe. gov. cn/srcsite/A08/moe_1034/s3882/201209/t20120918_143152. html

❷　教育部. 普通高等学校本科专业类教学质量国家标准

的基础研究和应用研究；在多个学科居领先水平。

（2）专科大学（академия）。实施高等职业以及大学后续职业教育；专业设置较多；培养研究生，承担教学和科研人员的培训进修；开展多学科的基础研究和应用研究；在本学科居领先水平。

（3）专科学院（институт）。实施高等职业以及大学后续职业教育；专业设置较多；培养研究生，承担教学和科研人员的培训进修；开展多学科的基础研究和应用研究。

2. 学制和学位

俄罗斯的高等教育学制和学位制度不同于欧美国家，显得非常复杂。

在苏联时期，全日制本科教育的学制为 4～6 年不等，非全日制本科教育的学制相应延长半年到一年，但本科毕业生一般不授予学位，可以获得专业职务称号。全日制研究生的学制一般为 3 年，非全日制研究生的学制一般为 4 年，考试合格并通过论文答辩后可获得副博士学位（在俄罗斯称之为"科学候选人"）。获得副博士学位者在实际工作岗位上经过一定时期的独立的学术研究，取得高质量的研究成果（专著或论文），再经过国家规定的答辩程序，才能获得博士学位。

苏联解体后，俄罗斯参照欧洲国家模式，对学制和学位制度进行了改革，但仍保留了自己的特色。1992 年，俄罗斯通过《关于在俄罗斯联邦建立多层次的高等教育结构的决议》，高等教育逐步向本科、硕士、博士三个层次过渡❶。1996 年，俄罗斯颁布《联邦高等和大学后职业教育法》，正式确立了高等教育的多级体制。2007 年，俄罗斯通过《两级教育体制过渡法》，进一步明晰了高等教育学制和学位制度。

按照俄罗斯法律，高等教育实行学士、硕士（专家）、副博士、博士四级学位制度。学生在完成中等教育后，经过 1.5～2 年的不完全高等教育，可以获得不完全高等教育文凭（相当于我国的大专教育）。学生在获得不完全教育文凭后再继续接受 2 年的基础高等教育（相当于我国的专升本），或者在完成中等教育后直接经过 4 年的基础高等教育，在通过考核后，可授予学士学位（相当于我国的本科教育）。学生在完成中等教育后，接受 5～6 年的高等教育并通过考核，毕业后可获得专家文凭，同时获得"工程师""医生"等不同职业领域的称号。专家文凭是俄罗斯高等教育的特色之一，是按

❶ 李艳秋．俄罗斯高等工程教育人才培养保障机制研究［J］．世界教育信息，2011（5）：63

专业培养的，而学士、硕士则按学科方向培养。高等学校培养专家着重于培养其实践能力，不同的专业，生产实习的形式、内容、场所和时间安排也是不同的。例如工业电气与自动化专业，五年学习期间，除四周教学实习外，有三次生产实习。无线电技术专业的学生，五年中有八周教学实习，30 周的生产实习。五年制工科院校的生产实习时间一般为 20 周左右❶。俄罗斯高校颁发的专家文凭，被我国及欧美国家承认是硕士学位水平的文凭。学生在完成 4～5 年的基础高等教育后再接受 2 年的专业化教育，通过考核并完成论文答辩后可以获得硕士学位。获得硕士学位和专家资格的高等院校毕业生可以直接报考攻读副博士学位，学制为 3～4 年，需参加副博士资格考试合格，撰写论文并且在研究专业指定答辩委员会通过副博士论文答辩后，由俄罗斯最高学位评定委员会或者俄罗斯联邦教育部颁发副博士学位。俄罗斯副博士学位在我国被教育部留学服务中心认证为博士学位，其价值也丝毫不逊色于欧美国家的博士学位。俄罗斯的博士学位获取基点为副博士学位获得者，进行独立的学术研究、获得高水平研究成果后并通过论文答辩，再由俄罗斯最高学位评定委员会审核后授予，其难度更甚于欧美国家的博士后。

俄罗斯联邦政府虽然确定了多级学制和学位制度，但不强制要求高校执行，而允许高校自主决定实行什么样的学制、授予什么样的学位，因此有的高校实行学士、硕士学位制度，有的高校坚持传统，实行专家文凭制度，还有的高校既实行学士、硕士学位制度，又有专家文凭❷。大部分高校实行双轨并行学制和学位。

（三）印度本科人才培养体系

1. 高等教育管理

印度是个多民族的国家，主要语言有印地语、乌尔都语、泰卢固语、孟加拉语等 15 种。印地语为国语，英语为官方语言。印度的教育发展有 3500 多年的历史。印度政府有计划地发展现代教育，使印度从发展中国家的教育水平提高到先进工业化国家的教育水平。独立后的印度宪法对教育事业的性质、任务、地位和作用，做出了明确的规定。中央教育部对各邦教育部起顾问作用。中央教育部主管直辖区的教育、国家重点大学与科技机构、全国教育发展计划及国际文化教育科学的交流活动等。各地方邦依据宪法规定实施

---

❶ Вуслов В. коменцарий к закону российской фелералииобобразовании ［М］．Москва：Юристъ，2001

❷ 李亚江．俄罗斯高校学科设置对中国专业人才培养的启示 ［J］．焊接，2009（2）：8

普及义务教育；所有公民在受教育机会方面平等；在学校中可自由选择不同的语言讲课；地方邦教育部可制定本邦的教育政策。印度的高等教育体系主要由大学、学院和大学研究部构成。大学分附属型大学、单一制大学和联合大学三类，并根据立法分为国立大学和邦立大学。此外还有相当于大学的机构。学院是高等教育的主要机构，大多数为附属，且以私立为多，与校本部不在一起。大学负责学院的课程设置和考试。大学研究部设学士以上学位课程并开展研究工作。持有高中毕业证书的学生可申请进入大学学习，一般经过3年（工、商、医、法等专业通常要4～6年）的学习和实习，可获学士学位或专业资格。通过硕士学位课程考试，可获硕士学位。博士学位要求在获得硕士学位后，至少从事2年的专业研究。获哲学博士学位后，再经过3年以上的研究，还可获科学博士或文学博士学位。师范教育由各级师范院校和大学承担：幼儿师范学校培养幼儿园教师，中等师范学校培养小学教师，大学教育学院或教育系以及地区教育学院培养中学教师，大学研究部培养高等学校教师。职业技术教育体制灵活多样，设有多种职业技术教育机构，如工业训练学校、技术高中、多科技术学校和普通中学职业技术课程等。

2. 招生与考试制度

印度高校采取"敞门入学"的政策，无须统一的大学入学考试。虽说没有统一的入学考试，但在招生时，要依据中学毕业会考成绩择优录取，对少数民族如穆斯林、部分部落和种姓的学生有优惠政策，为他们保留一定的入学指标。但如果想读印度著名的六所理工学院，著名的医学院，综合大学的工商学院、理工学院、计算机学院、法学院、医学院和教育学院，则要参加这些学校单独举行的考试，考试分笔试和口试，竞争十分激烈。

3. 学位制度

在殖民地时期，印度高等教育仿照英国大学建立了学位制度。独立以后，印度基于自身实际，建立了具有特色的学位制度。印度现行的学位制度包括学士、硕士、博士三个等级。

印度的学士学位分普通学士学位和荣誉学士学位两种类型。普通学士学位的修业年限一般为3～5年，文、理、商、教育等专业的修业年限为3年，农学、工程、药学、技术、牙医学、兽医学等专业的修业年限为4年，建筑学、医学则需要5年或5年半，法学专业的修业年限更长。荣誉学士的修业年限比普通学士学位多1～3年。

硕士学位包括课程硕士和论文硕士两种类型。课程硕士只需要完成课程并考试合格即可获得，论文硕士就需要提交论文并通过论文答辩才可以获得学位。获得普通学士学位者获得硕士学位，需要进行 2 年的学习，荣誉学士学位获得者则只需要 1 年的学习就可以获得硕士学位。

博士学位包括哲学博士、文学博士和科学博士三种类型。攻读哲学博士学位，首先要获得硕士学位者经过 1 年的学习，取得哲学硕士学位。哲学硕士学位可以看作是哲学博士学位的预科，取得哲学硕士学位算是取得攻读哲学博士学位的资格，再经过 2 年的专业研究，提交博士论文并通过论文答辩，可以获得哲学博士学位。印度博士阶段的修业年限为 3 年，实际往往需要更长的时间。

印度有权授予学位的高等教育机构包括中央大学、邦立大学、荣誉大学和国家重点学院。❶

（四）巴西本科人才培养体系

巴西高等教育体系包括综合大学和专科院校。高等院校培养国家所需的高级专家、科学家和高级工程技术人员。综合大学本科修业年限 2～6 年不等，视专业而定。航空（导航和驾驶）和外交专业为 2 年；哲学、文学、新闻、体育为 3 年；社会学、图书馆学、经济学、数学、物理学、化学、护理、医药等为 4 年；建筑、工程、法律等为 5 年；医学、矿业、冶金、艺术等为 6 年。农业学院和兽医学院为 4 年。高等院校实行全国统一招生，采取学分制进行教学管理。20 世纪 60 年代以来，巴西的高等教育加强了研究生培养，专业结构发生变化，自然科学、工程技术和经济学的专业比重提高。

（五）南非本科人才培养体系

自独立以来，南非高等教育发展迅猛，并持续推进了不同层次的高等教育改革。目前南非负责高等教育的政府部门主要有负责制定高等教育机构资格认定标准的南非资质认定署（South African Qualification Authority, SAQA）、SAQA 下属对社会成员获取教育及培训机构进行认定的国家资格框架、负责对高校教学质量进行宏观监控的高等教育协会（Higher Education Committee，HEC）以及负责从政策上对高等教育质量进行评价管理的

---

❶ 潘闻舟 . 二十一世纪以来印度学位管理机制变革研究［D］. 金华：浙江师范大学，2019

高等教育质量协会。2007 年南非颁布了高等教育资格框架（HEQF），从高等证书到博士学位等 9 种高等教育资格的学分、升学资格等都进行了相应规定。该框架的设置主要是为了是打通专业壁垒，加速学生流动❶。但是实际运行中暴露出很多严重的问题。HEC 于 2010 年开设对高等教育资格框架进行了修订，修订后的版本在 2013 年正式实施。修订后的高等教育框架对目前南非的高等教育发展做出了很大贡献，为南非的高等教育发展提供了规范性的架构支撑。

按照新的高等教育资格架构，南非的高等教育资格分为初级水平的高级证书（Higher Certificate）、具有强烈职业倾向的高级证书（Advanced Certificate）、具有职业倾向的文凭（Diploma）、更高水平的高级文凭（Advanced Diploma）、区分学术性和专业性两种的学士学位（Bachelor's Degree）、研究生预备役的荣誉学士学位（Bachelor Honors Degree）、具有一定研究水平的研究生文凭（Postgraduate Diploma）等 11 个层次。

据南非高等教育的要求，在大学获得学士学位至少需要 3 年时间；荣誉学士学位（相当于国内大学本科毕业）至少需要 4 年（包括 3 年学士学位课程）；获得硕士学位的最低年限为 1 年，一般 1～2 年；博士学位最少需要 2 年，一般 2～4 年。在理工学院，获得毕业证书（Diploma）需要 3 年；技术学士学位需 4 年；技术硕士学位需 2 年；技术博士学位需 3～5 年。获得教育学院毕业证书需要 3 年。

南非高等教育机构包括大学、理工学院和大专院校。高校管理体制与英国相似。根据南非法律，高校具有办学自主权。南非的大学始于 19 世纪，是从中等教育学院发展而来的。理工学院（Technikon）起源于 20 世纪初，原为提供职业技术培训的中心，进而发展成为高等教育机构。为满足高级技术人才的社会需要，南非于 1967 年通过《高等技术教育法》，规定理工学院教授高等技术教育课程。教育学院主要提供 3 年或 4 年的师范教育，培养中小学教师。一些教育学院与大学签有联合办学协议，其学生可获得相关大学的学位。1997 年 7 月，教育部发表高等教育白皮书，确定高等教育改革措施，主要目的是消除种族隔离制度，实现人人享受高等教育的平等权利，并对招收黑人学生的学校给予政策及资金上的倾斜。2001 年教育部发表了《国

---

❶ South African Qualifications Authority. Publication of the General and Further Education and Training Qualifications Sub－framework and Higher Education Qualifications Sub－Framework of the National Qualifications Framework ［EB/OL］. ［2013－08－01］ http：//www. uct. ac. za/usr/ipd/APU/NewProgReg/Gazetted％20HEQSF. pdf

家高等教育计划》。2002 年 12 月，南非教育部正式宣布，改革南非的高等教育结构，对高等学校进行重组。重组后的高等学校从 36 所合并为 24 所，将157 所大专合并为 50 所，并校后所有的理工学院均改名为科技大学。高校重组后在南非的每个省都有公立高等教育机构。

第四章　金砖国家水工程
与能源领域本科专业体系研究

高水平人才培养体系涉及学科体系、教学体系、教材体系、管理体系等，思想政治工作体系贯通其中。本书重点研究金砖国家水工程与能源领域的本科专业体系。

一、金砖国家水工程领域本科专业体系

(一) 中国水工程领域本科专业体系

"水利"一词最早见于战国末期问世的《吕氏春秋》中的《孝行览·慎人》篇，但它所讲的"水利"系指捕鱼之利。

约公元前104—前91年，西汉史学家司马迁写成《史记》，其中的《河渠书》是中国第一部水利通史。该书记述了从禹治水到汉武帝黄河瓠子堵口这一历史时期内一系列治河防洪、开渠通航和引水灌溉的史实，他感叹道："甚哉水之为利害也"，并指出"自是之后，用事者争言水利"。从此，水利一词就具有防洪、灌溉、航运等除害兴利的含义。

随着社会经济技术的不断发展，水利的内涵也在不断充实扩展。1933年，中国水利工程学会第三届年会的决议中就曾明确指出："水利范围应包括防洪、排水、灌溉、水力、水道、给水、污渠、港工八种工程在内"。其中的"水力"指水能利用，"污渠"指城镇排水。进入20世纪后半叶，水利中又增加了水土保持、水资源保护、环境水利和水利渔业等新内容，水利的含义更加广泛。

因此，水利一词可以概括为：人类社会为了生存和发展的需要，采取各种措施，对自然界的水和水域进行控制和调配，以防治水旱灾害，开发利用和保护水资源的活动。研究这类活动及其对象的技术理论和方法的知识体系称为水利科学。用于控制和调配自然界的地表水和地下水，以达到除水害兴水利目的而修建的工程称为水利工程。

水利科学是一门人类社会改造自然的科学，涉及自然科学和社会科学许

多门类的知识。主要有气象学、地质学、地理学、测绘学、农学、林学、生态学、机械学、电机学、经济学、史学、管理科学、环境科学等。目前水利类本科教育开设的主要专业如下。

1. 水利水电工程

水利水电工程专业着重培养从事大中型水利水电枢纽及其建筑物（包括大坝，水电站厂房，闸和进水、引水、泄水建筑物等），以及工业用水建筑物的规划、设计、施工、管理和科研方面的高级工程技术人才，学习与研究方向包括水文水资源、水环境、水工结构、水力学及流体动力学、工程管理等，发展趋势是与信息技术、可靠度理论、管理科学等新兴学科的交叉与融合。要求水利水电工程专业学生主要学习水利水电工程建设所必需的数学、力学和建筑结构等方面的基本理论和基本知识，使学生得到必要的工程设计方法、施工管理方法和科学研究方法的基本训练，具备水利水电工程勘测、规划、设计、施工、科研和管理等方面的基本能力。

学科整体水平较高的院校有河海大学、清华大学、武汉大学、大连理工大学、天津大学等。主干课程有工程力学、水力学、河流动力学、岩土力学、工程地质及水文地质学、工程测量、工程水文学、工程经济学、建筑材料、钢筋混凝土结构和钢结构等。

毕业生可从事水利和土木工程领域的研究、规划、设计、施工和管理等方面工作。由于水利工程宏大而复杂，需要多学科知识的支持和良好的组织与协调能力，既能统领全局又能细致入微，追求经济、技术、安全、美学的统一与和谐。我国是水电大国，也是缺水大国，社会经济的高速发展为毕业生提供了施展才华的广阔空间。

2. 水文与水资源工程

水文与水资源工程专业以地球科学基本理论为基础，以水资源为主要研究对象，系统学习水资源的分布、形成、演化等方面的专业知识和技能，兼顾地下水科学、岩土工程和环境工程的基础知识，并将其应用于水信息的采集和处理，水资源的规划与开发、评价与管理，水利工程的勘查、设计、施工，地下水环境和地质环境的监测、评价和治理等。某些院校水文与水资源工程专业会在水文地质学为专业特色的基础上，向岩土工程和环境工程等方向适当扩展。

本专业学生主要学习水文、水资源及环境信息的采集及处理、水旱灾害预测及防治、水资源规划、水环境保护、水利工程规划与设计、水利工程运行与管理、水政管理等方面基本理论和基本知识，受到工程制图、运算、实验、测试等方面基本训练，具有应用所学专业分析解决实际问题、科学研究、组织管理的基本能力。

国家重点学科院校有河海大学、武汉大学、西安理工大学、中国地质大学等。主干课程有自然地理学、气象与气候学、水力学、河流动力学、水利工程、水文学原理、水文统计学、水资源学、地下水文学、环境化学、水利法规、数学物理方法、第四纪地质与地貌、综合地质学、环境学概论、水文地质学基础、水文学原理、水资源开发利用与保护、水文地球化学基础、水资源开发利用与保护、土力学、岩石力学与岩石水力学等。

毕业生可就业于国土资源、水利、水资源、城建、环保、交通等部门相关领域，从事科研、教学、管理、设计和生产等方面的工作。如国家有关部委和地方水文工程勘察设计院、环境监测单位专业规划设计研究院（如水利勘察设计研究院、电力设计研究院、煤炭设计研究院、建筑设计研究院等）、工程施工单位、中外合资企业、教育部门、部队等，也可在水文学及水资源、地下水科学与工程等研究生专业继续深造。

3. 港口航道与海岸工程

港口航道与海岸工程专业培养具备港口航道与海岸工程专门知识以及一定的工程管理、技术经济和人文科学等方面的知识，能从事港口航道工程、海岸工程以及相近的水利工程、土木工程等领域的勘测、规划、设计、施工、科学研究、技术开发、技术管理等方面的工作，具有广博的科学素养、深厚的人文素养、扎实的专业素养、创新探索精神和实践能力，具有国际视野的港口航道与海岸工程方面的高素质复合型人才。

学生主要学习港口工程、航道工程和海岸工程方面的基本理论和基本知识，受到制图、测量、运算、实验、综合分析和书写报告等方面的基本训练，具有工程规划、设计、施工和管理方面的基本能力。

学科整体水平较高的院校有清华大学、河海大学、天津大学、武汉大学、中国农业大学等。主干课程有工程制图、理论力学、工程测量、材料力学、结构力学、水力学、工程水文学、建筑材料、土力学与地基基础、工程地质、水工钢筋混凝土结构、河流动力学与航道整治、海岸动力学、水运工程施工、港口规划布置、港口水工建筑物、渠化工程、工程经济学、工程项目管理等。

学生毕业后具备"治河筑港"和"铺路架桥"的基本能力；能够胜任港口航道与海岸工程项目的勘测、规划、设计、施工、技术开发、管理和应用研究工作，也可以从事相关的投资、开发、金融、保险等工作；通过短期在岗学习或实践后，也能胜任土木工程、水利工程、海洋工程、市政工程等相近专业的勘测、设计、施工和技术管理等工作。

4. 农业水利工程

农业水利工程培养具备农业水利工程学科的基本理论和基本知识，能在农业水利、水电、水保、设计院等部门，从事水利工程勘测、规划、设计、施工、管理和试验研究，以及教学、科研等方面工作的高级工程技术人才。

学科整体水平较高的院校有西北农林科技大学、河海大学、内蒙古农业大学、华北水利水电大学、东北农业大学、武汉大学等。主干课程有水文学、工程力学、水力学、土力学、结构力学、钢筋混凝土结构、土壤农作学、水利工程施工、灌溉与排水工程学、水资源规划利用与管理、水工建筑物、水泵与泵站（或水电站）等。

农业水利工程专业是以水文学和水力学及工程力学为基础，研究利用灌溉排水工程措施调节农田水分状况和改变区域水情分布，消除水旱灾害，科学利用水资源，为发展农业生产和改善生态环境服务的综合性学科。随着社会经济进步和科学技术发展以及水危机的日益加剧，我国的农业水利工程学科已经由过去的以农业生产服务为中心内容，扩展到了城市供水、城市绿地灌溉、城市污水处理及防洪、城市喷泉设计、跨流域调水、水利现代化、生态环境建设与保护等诸多领域。由于水资源总量有限，城市和工业用水日益增加，它在解决我国国民经济可持续发展所面临的水危机中将发挥着越来越重要的作用，具有广阔的发展前景。

水利人才的培养应以工程技术型为主、同时存在资源管理型与学术研究型的多种类型人才，逐步建立起一个新的能满足可持续发展水利、符合高等教育人才培养目标要求的、能体现新时期水利行业转型和科技发展趋势的、毕业生就业前景良好的水利类专业体系。

传统的水利类专业，如水利水电工程、农业水利工程等专业，办学历史悠久，适应性强，培养的人才是水利工程勘测、设计与施工的主要力量，毕业生可从事水利水电行业的多种不同岗位工作。因此，该类专业今后仍是长线专业、品牌专业和水利类的核心专业，应该继续保持这类办学经验丰富、宽口径专业。但这些老牌专业难以适应对水资源实施综合治理，也难以解决当前我国面临的水资源洪涝灾害、干旱缺水、水环境污染和水土流失问题，因此，还设置了以下专业或专业方向。

（1）水务工程类专业。此类专业是随着水务体制改革而发展起来的，主

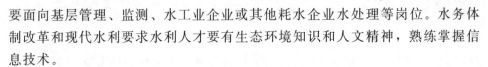

要面向基层管理、监测、水工业企业或其他耗水企业水处理等岗位。水务体制改革和现代水利要求水利人才要有生态环境知识和人文精神，熟练掌握信息技术。

水务工程专业技术管理专业涉及城市给水排水工程、环境工程、城市水利工程等诸多学科领域。除研究水量外，更以水质为中心，将水质工程的研究贯穿于整个水资源问题中，把水处理技术放在解决水资源问题的整体概念和过程中。基本涵盖了城市水资源的可持续开发和利用等水的社会循环全过程。

（2）水利交叉学科类专业。在科学发展观以及人与自然和谐思想指导下，水利交叉学科的发展呈现出越来越强劲的势头。如流域生态水文学以及水文学与气象科学的结合，环境水利学与生态水工学的结合，移民社会学与水资源经济学的结合，生态环境水力学和渗流水力学的结合等。可考虑开设的专业或方向有流域或区域水环境规划、水体污染控制与水环境修复工程、湿地保护工程等。

（3）水利管理类专业。传统水利或者工程水利的主要目标是建设水利工程，因此，水利类专业设置都是为这一目的服务的，或者说，传统的水利类专业都是水利工程的设计与施工类专业，这显然已不能满足现代水利的要求了。现代水利可以说是管理型水利，一是要管水资源，二是要管水工程，因此，管理类专业应当是高等教育水利类的主导专业。多年来，防汛工作一直是水利工作的重要组成部分，但各个院校基本没有为这类岗位服务的专业，很多从事水利多年的工作者，在防汛过程中对防汛工作和抢险技术比较陌生，甚至在实战中出现错误的指导，这样的问题在水利类专业研究中应高度重视。可考虑开设的专业或方向有工程造价与项目管理、治河工程、工程监理、防汛抗旱及其工程管理、水政与水工程管理、水利水电工程管理等。

（4）水资源与水环境工程类专业。此类专业主要面向一些水文、水资源、水环境、水土保持的技术岗位和领域。提出要对水生态、水环境进行保护和治理，是我国现代水利转型的一个重要方面。它的发展前景良好，且其重要性随着经济发展水平的提高日益明显。目前已有部分水利类高等学校开设了水文与水资源工程、水环境类专业。可考虑开设的专业或方向有：水文与水资源工程、水土保持、水文与自动测报、水环保技术、水环境监测与治理、水质分析与水处理等。

（5）高新技术类专业。要实现水利现代化就离不开对水信息的采集、传送、存储处理和利用，水信息具有时间历程长、数据量较大、数据采集难、决策因素复杂等特点。水信息技术就是充分利用现代化信息技术，开发和利用水利信息资源，从而全面提高水利建设和水事处理的效能效益。以计算机、通信、网络、3S等技术为代表的各类高新技术在水利行业中有着广泛的用途，另外，如防汛指挥系统、水质监测系统、水资源管理系统的开发也离不开现代信息技术。可考虑开设的专业或方向有水工程管理与计算机监控、信息技术与水利水电工程、计算机网络与水利水电工程等。

（二）俄罗斯水工程领域本科专业体系

俄罗斯的高等教育具有良好的传统和极高的国际声誉，水工程与能源领域方面的研究也有一定的基础。水工程与能源领域方面主要做水利工程方面的研究。

1. 水利工程专业方向的整体情况

水利工程是土木工程专业下的一个方向，该专业方向主要培养能够考虑可靠性、安全性和经济效益等现代要求，通过使用通用软件、专用软件和计算机系统进行海洋和河流工业民用建筑及结构设计与建设的专门人才。

本专业方向包括以下研究领域。

（1）以土壤材料为基础的大坝的理论，计算、设计和建造的方法；改进地下含水结构，海岸交界处和斜坡岩土的力学和过滤研究；开发能在恶劣气候条件下工作的土坝结构；创建新的方法来预测由于固定结构事故导致的紧急情况的后果；土坝的修复、重建和运营。

（2）河道水厂混凝土结构的计算、设计、施工和运行方法；改进各种气候条件下混凝土水利工程结构工作条件的物理和数学建模方法；混凝土水工结构设计的法规框架。

（3）制定新的方向来预测压力和非压力水工结构的应力-应变状态；改进确定河流水厂，建筑物和水电站机房结构上各种类型负荷的方法；证实增加输水结构的可靠性和耐用性的方法。

（4）运河设计；制定预测通过运河运输的损失的方法，并制定针对这些损失的措施；对运河的监管；开发用于建造运河和在运河建造建筑物的新方法。

（5）河流水电设施的水库和备用水库，水库运行模式管理方法的开发，包括水库在河流上的梯级管理；处理不同气候区的水库；水库运行模式；改善水库入库、淤积、富营养化、水交换和水质的预测；为提高水库的鱼类生产力和生物生产力制定新的方向，并为鱼类保护和鱼类通过设施提供新的设计；为增加河流生态系统的环境可持续性创造条件；为水库进行生态重建。

（6）土地复垦系统和环境建设系统的水力结构的理论、计算方法、设计、建造和运行；恢复水体和河网；改善各种用途的取水设施运行的效率和条件。

（7）开发涵洞的理论基础、涵洞的计算和设计方法；预测出料通道各部分的气蚀情况，新设计的元件可在真空和高速条件下改善流动部分的工作条件。

（8）完善水运和港口设施的设计；船闸、船舶升降机、滑道、码头、系泊设备、防波堤、涵洞和海岸保护结构的新计算、设计方法、构造和操作；开发大陆架上的结构；河床调节和河岸保护；防洪结构和系统的新建筑。

（9）制定评估水利工程建设对邻近地区影响的方法，开发计算和设计工程保护结构的新方法。

（10）利用各种建筑材料创造用于在该国各气候区工作的水力建筑的新技术；完善水利工程管理方法。

（11）水力结构的运行可靠性、安全性新标准的制定，监测和观察结构的新系统，用于水系统和设施的技术诊断和监测的方法改进。

2. 本专业方向在俄罗斯的意义

（1）改善综合利用水资源的方法和手段，以向工业、农业和人口供水。

（2）水力发电。

（3）确保内陆水道和港口的可持续运转。

（4）沉淀池技术和环境无害设计以及工业废物的存储。

（5）更新和完善水利工程建设各个领域的监管框架。

（6）提高各种用途的水工结构的可靠性。

（三）印度水工程领域本科专业体系

印度著名教育家斯里瓦斯塔瓦认为，"个人的目标，国家的目标，整个人类的目标，只依赖一种努力，那就是教育。"独立后的印度一直致力于高科技人才的培养，在水利人才培养方面，也有一定的研究，设置了以下几个主要专业。

1. 农业和灌溉工程

农业和灌溉工程是本科课程，是土木工程的一个子领域。作为一个专业领域，它参与在农业和灌溉中应用工程原理，研究与作物生产和灌溉方法有关的各种事项。印度是一个以农业为主的经济体，对工程专家的需求一直存在，这意味着农业和灌溉工程是一个非常适合就业的领域。学生学完本课程后，可继续深造并进行本领域的研究。印度农业部是农业和灌溉工程师的最大雇主之一；从事医疗和种植作物的私营公司、参与农业发展的非政府组织也提供了就业机会；印度农业研究所（IARI）也能提供初级研究员和农业科学家的研究和就业机会。

2. 灌溉和水管理工程

灌溉和水管理可以被定义为对土地或土壤进行人工灌溉的科学。在干旱地区和降雨不足期间，它被用来帮助种植农作物、维护景观、重新种植受干扰的土壤。此外，灌溉在作物生产中还有一些其他用途，包括保护植物免受霜冻、抑制农田杂草生长和帮助防止土壤固结。相比之下，仅依赖直接降雨的农业被称为雨养农业或旱地农业。水资源管理是规划、开发、分配和管理水资源最佳利用的活动。在一个理想的世界里，水管理规划考虑到对水的所有相互竞争的需求，并寻求在公平的基础上分配水，以满足所有的用途和需求。

3. 水资源工程技术

水资源工程技术是农业工程本科课程。水资源工程技术是负责水资源规划、开发和管理的专业。从估算可用水量到设计满足社会和环境用水需求所需的物理和非物理基础设施，土木工程师在多学科团队中发挥着核心作用。为了确保获得清洁安全的饮用水，土木工程师设计、建造和管理进水口、水处理厂和将水输送到水龙头的管道网络。水资源工程师关心与水的使用和控制有关的问题。他们致力于预防洪水，为城市、工业和灌溉供水，处理废水，保护海滩，管理和再利用雨水，制定对水敏感的城市设计（WSUD）或管理河流系统。他们可能参与雨水收集和再利用系统、废水处理系统、海水淡化系统、水坝、管道、泵站、船闸或海港设施的设计、施工或维护。

本课程适用于在水资源和水利工程的广阔领域为工业界提供设计、开发、测试和监测工作的咨询服务。水资源工程师负责社会对水的控制和利用。

4. 土木工程

课程涉及桥梁、隧道、运河、建筑物、机场、水厂、污水系统、公路和铁路、水道和运河、水坝和发电厂、水处理和污水处理系统、港口、码头和港口等构筑物和工程的设计、施工和维护，同时保护公众和环境健康，以及改善现有基础设施。土木工程使学生能够很好地规划和设计一个项目，将项目建设到所需的规模，并维护项目。

（四）巴西水工程领域本科专业体系

据统计，巴西水电潜能居世界第三位，仅次于俄罗斯和中国。因此，巴西也十分重视水工程领域的研究。

水资源专业必修主要课程有水文学、水污染与质量、水流动力学、水利建模与环境、泥沙运输、项目管理、水文统计、环境影响评估，选修课程有水资源优化配置（供水）、港口和航道、水电治理、灌溉和排水、水处理、地下水文学、陆地水利结构、城市固体垃圾、海洋水力结构、河流和沿海工程、水资源管理、污水处理、城市排水、污水系统、水文遥感、河流水力学、疏浚和沉积物管理。

（五）南非水工程领域本科专业体系

在南非，水管理被列为一种稀缺技能。水文水资源管理课程期限 3 年，学分 360 分，NQF 级别为 7。该方案的毕业生将在国家和地方政府部门、市政当局和私营公司获得就业机会，这些部门涉及水管理、供水和分配、水和废水处理以及环境管理。

二、金砖国家能源领域本科专业体系研究

（一）中国能源领域本科专业体系研究

中国的能源与动力工程专业形成于 20 世纪 50 年代，初始包括热能动力机械与装置、内燃机、热力涡轮机、军用车辆发动机、水下动力机械工程、流体机械、压缩机、水力机械、工程热物理、热能工程、电厂热能动力工程、锅炉、制冷设备与低温技术等 13 个专业方向；之后在 1993 年编制的普通高等学校本科专业目录中分为 9 个专业，分别是热力发动机、流体机械及流体工程、热能工程与动力机械、热能工程、制冷与低温技术、能源工程、工程热物理、水利水电动力工程、冷冻冷藏工程；在 1998 年教育部颁布的专业目录中将 9 个专业合并为热能与动力工程专业；2012 年教育部颁布的新专业目录中，将热能与动力工程专业的内涵进行了进一步扩大，将能源工程及自动化、能源动力系统及自动化合并进去，并更名为能源与动力工程。而风能与动力工程改变为新能源科学与工程，保留了能源与环境系统工程。

2016 年，中国正式加入《华盛顿协议》，经教育部授权，以中国工程教

育专业认证协会牵头在我国开展工程教育认证工作。于 2016 年制定了相关的专业认证通用标准，提出了 12 条培养要求，并于 2017 年进一步修订为 10 条针对负责工程项目相关内容的培养要求。进而不同的专业按照相关要求分别制定了各自的具有针对性的专业认证标准。由于能源动力类专业覆盖面较大，教育体系复杂，专业认证分标准至今没有能够制定。目前能源动力类在对标认证标准时，通常以通用标准为目标。

2018 年教育部颁发了《普通高等学校本科专业类教学质量国家标准》，对各个专业的培养要求做了详细要求。对能源动力类专业明确界定在能源和动力两个方向，且以节能环保为人才培养的重要要求。明确了能源动力领域的人才培养目标就是培养在能源供给革命、能源消费革命和能源技术革命等方面能够承担重要任务的专业型人才，明确了能源动力类专业以工程热物理相关理论为基础，以能源高效洁净转换与利用、动力系统及装备可靠运行与控制、新能源与可再生能源技术研发与应用、节能环保与可持续发展为学科方向，培养从事能源、动力、环保等领域的科学研究、技术开发、工程设计、运行控制、教学、管理等工作的高素质专门人才。

能源动力类专业是内容复杂，覆盖面很广，以动力工程及工程热物理为主干学科，延伸至机械工程、材料科学与工程、核科学与技术、航空宇航科学与技术、化学工程与技术、环境科学与工程等学科。目前能源动力类专业分为能源与动力工程、能源与环境系统工程、新能源科学与工程 3 个专业，能源与动力工程为基本专业，能源与环境系统工程、新能源科学与工程为特设专业。

目前中国开设有能源与动力工程专业的高校有 200 多所，其中公立高校有 119 所之多。历史和覆盖内容决定了能源与动力工程专业具有覆盖面积广泛的特点，因此各个学校特色和发展方向各异。

专业排名前几位的高校如西安交通大学、清华大学、华中科技大学、哈尔滨工业大学、上海交通大学都体现了专业综合、特色突出的特点，这些高校普遍有数个国家级重点实验室，在全行业呈现领头羊的姿态。其中西安交通大学覆盖有能源基础、发电、制冷、内燃机等多个方向，且多个方向优势都很突出；清华大学覆盖有能源基础、发电、燃气机等多个方向，在煤炭综合利用和热科学上优势突出；华中科技大学覆盖有基础科学、热能工程、制冷与低温技术、新能源等多个方向，在煤炭利用技术上优势明显；上海交通大学覆盖有能源基础、制冷与低温技术、新能源技术等多个方向，在低温与制冷技术上优势明显；哈尔滨工业大学覆盖有能源基础、煤炭利用、新能源技术、发动机技术、空调制冷技术等多个方向，且在煤炭利用和发动机上优势明显。除此以外，重庆大学、东南大学等高校也可列入这一类。

除这些学校以外，开设本专业的高校普遍存在特色明显、优势突出的特点，尽管近年来很多高校在人才培养和专业方向设置上向综合性发展，但是在基础建设和硬件条件上尚无法和以上高校相提并论。华北电力大学、上海电力学院、东北电力大学、华北水利水电大学、武汉大学、长沙理工学院（原长沙电力学院）等高校的名称中涵盖了电力二字，已经很明显表述了学校以电力生产为特色的意图，其中华北电力大学的火力发电人才培养在全国居首位；湖南大学、北京航空航天大学、南京航空航天大学、沈阳航空航天大学、西北工业大学等高校，以发动机人才培养为专业特色，其中湖南大学偏重内燃机，名字中带有航空二字的高校很明显以航空发动机为特色；西北理工大学、江苏大学、河海大学等高校在流体机械方面优势明显；天津商业大学、河南轻工业学院等高校在低温与制冷技术上的具有明显的优势。另外四川大学、中山大学、华中理工大学、西安理工大学等高校就不一一分析了。

由于各个高校的专业发展方向不同，其课程体系之间也存在很大的区别。根据 2018 年教育部颁发的专业教育国家标准，对能源与动力工程专业的课程体系建议为基础理论力学、材料力学、工程制图、机械设计基础、工程材料基础、电工电子技术、电工电子技术实验、自动控制原理、能源动力测试技术、计算机程序设计、工程热力学、传热学、流体力学、燃烧学、热与流体课程实验、模块课程（例如热模块包括锅炉原理、汽轮机原理、热力发电厂等课程），这种建议课程不具有强制性。

国内高校目前的课程设置中，通常分为通识类课程（又称公共基础课）、专业课程（又称学科课程）和集中实践环节三大部分。通识类课程通常分必修和选修两部分，必修部分包括思政类课程、军体类、外语计算机类、自然科学几大部分，选修包括通识类素质课程；专业课程通常分为专业基础课、专业核心课和专业选修课三部分；集中实践环节主要包括课程设计、毕业设计、专业实习、金工实习及其他实践环节。

1. 通识类课程

国内能源与动力工程专业在通识类课程环节的设置基本相同，差别主要出现在自然科学环节。自然科学类的课程分为数学、物理、化学三个部分，数学类课程常见的设置分为高等数学、线性代数、复变函数和概率统计四门课程，根据学校特色，部分高校还会开设有其他拓展类课程，如数学物理方程（西安交通大学）、数据结构、数理方法（上海交通大学）、几何与代数（河海大学）等课程；物理通常设置为大学物理和物理实验两门课程；化学在国内高校的设置情况差别较大，如西安交通大学、上海交通大学、重庆大学、华中科技大学等综合性的高校中，开设有大学化学（或普通化学），有些学校甚至开设有专门的化学实验课程（重庆大学），但是大多数学校没有开设这一课程（武汉大学、河海大学等）。但是随着专业发展，近些年来一些高校逐渐注意到了化学课程的重要性，如山东大学、上海理工大学都已经添加了大学化学课程。

通识类选修课程各个学校情况不尽相同，有些学校偏重外语能力的培养，如重庆大学开设有 10 门英语类课程；有些学校偏重人文素质与交流写作能力的培养，如武汉大学开设有 16 门此类课程；有些学校偏重学校特色或地域特色的教育，如山东大学、华北水利水电大学等。

2. 专业类课程

专业类课程的设置通常分为专业基础课、专业核心课和专业选修课三个部分，部分高校将专业基础课视为专业核心课或专业主干课，将专业核心课和专业选修课合并起来分专业方向单列模块（如西安交通大学、华中科技大学），有些学校则是专业核心课程分方向单列，将专业选修课程视为拓展类课程让学生选择，情况不一而足，但是基本可以按照这三部分进行划分。

专业基础课又可以细分为工程基础类课程和专业基础类课程，通常将力学类课程、图学类课程、电学类课程和控制类课程视为工程基础课，将热学类课程和流体类课程视为专业基础课程（西安交通大学）。力学类课程常开设为理论力学和材料力学两门课程；图学类课程常开设为工程图学、工程制图、机械图学等课程，部分高校会单独开设机械制图和计算机制图类课程（上海理工大学、华北水利水电大学、河海大学等）；电学类课程主要讲述电路知识和电子学知识，有些学校两门课单独开设（武汉大学、河海大学、西北理工大学等），有些学校则合并为电工电子技术一门课程（山东大学、西安交通大学等），部分高校甚至只开设电路原理内容（华中科技大学等）；控制类课程通常开设有自动控制原理课程，部分高校开设为热工自动控制原理（山东大学），少数高校在这部分课程中扩充单片机和可编程控制器之类课程（河海大学），强化控制类教学。专业基础课程中的流体力学是多数高校都开设的，有些学校将其拓展为双语课程或全英文课程（西安交通大学、上海理工大学等），热学类课程常开设传热学、工程热力学两门课程，部分学校将燃烧学也列入这一部分（西安交通大学、华中科技大学、山东大学等），但大多数学校未开设这门课程，或列入专业选修课程。部分高校中还设计有材料学课程（如金属工艺学、结构材料等）、机械设计类课程（如机械设计基础等）以及科研计算的课程（工程数值计算方法——华中科技大学）。

专业核心课根据各个学校的专业方向而不同，在热能利用和热力发电的方向上，通常将锅炉原理、汽轮机原理、热力发电厂作为核心课；在内燃机和发动机的方向上，将内燃机原理、发动机设计、发动机结构等课程作为核心课；在低温与制冷方向上，通常将制冷与低温技术原理、制冷设备设计、压缩机原理等课程视为核心课；在流体机械方向通常将流体机械原理和流体机械设计方法视为核心课；在新能源利用技术方向上通常将新能源理论基础、新能源利用技术与设备作为专业核心课程。很多高校的能源与动力工程专业均设置了不同专业方向，其核心课程分模块单列（如西安交通大学、华中科技大学、山东大学、上海理工大学等）。

专业选修课程也称专业拓展课程。各个高校在这个环节设置的课程区别很大，常见的有偏重科研能力培养的燃烧数值模拟方法与应用（华中科技大学）、分子热力学模拟（重庆大学）等；偏重新技术与新科技的洁净煤燃烧技术、碳捕捉技术（华中科技大学）、循环流化床燃烧技术（华北水利水电大学）、燃料电池技术（上海交通大学）、燃烧学领域新技术、节能新技术、生物质能利用新技术（重庆大学）；偏重科技前沿讲座的能源与动力技术系列讲座（山东大学）、传热传质学前沿（华中科技大学）、能源电力科技前沿（华北水利水电大学）等；偏重工业现场或系统运行的单元机组集控运行（山东大学、华北电力大学、华北水利水电大学等）、核电站运行（清华大学、重庆大学、哈尔滨工程大学等）、电厂燃运与灰渣处理系统（重庆大学）；更多的课程则设置为专业方向拓展课程，比如太阳能热利用、核反应堆工程（上海理工大学）、核能发电技术、太阳能发电技术（山东大学、华北水利水电大学等）、内燃机原理（华中科技大学）、核反应堆热工水力（上海交通大学）。

3. 集中实践环节

除军事训练、社会实践等通用型集中实践环节以外，国内能源与动力工程专业通常设置课程设计、专业实习、金工实习、毕业设计这四类环节，其中课程设计和专业实习之间区别较大。

通常机械设计类课程单独设置课程设计环节，其他重要课程单独设置课程设计环节（华北电力大学、华北水利水电大学、河海大学等）或合并为可选择的课程设计选项（西安交通大学、华中科技大学、上海理工大学等）。

目前专业实习的设置区别很大，有些高校设置有 3 个专业实习（认识实习、生产实习、毕业实习）（华北电力大学、山东大学、华北水利水电大学等），有些高校将毕业实习、生产实习两个环节中只保留一个（上海电力大学、武汉大学、重庆大学等），有些高校将所有的实习打包设计为一个专业实习环节（西安交通大学、华中科技大学等），有些学校则增加了仿真实习、测控实习环节（重庆大学、西安交通大学等）。这些实习环节的设置主要是根据高校专业自我定位、人才培养方向和学生就业来确定的。

除这四类集中实践环节以外，很多学校还单独设置了一些环节，进行了相应的改革创新。西安交通大学设置了科技训练环节和项目设计环节，山东大学设置了节能减排创新训练和电子工程训练环节，重庆大学设置了项目设计（科技创新）环节，华中科技大学将物理、化学、电路等实验环节单列，上海理工大学将燃烧学、传热学实验单列，同时将透平机械设计实验、系能源专业实验、热能工程专业实验等实验环节单列入集中实践环节。

（二）俄罗斯能源领域本科专业体系研究

能源占俄罗斯经济总量的一半以上，因此该国对能源领域人才培养非常重视。纵观俄罗斯历史，苏联能成为世界超级大国并不是依赖于其能源经济和能源输出，而是靠发达的工业、先进的科技水平，以及源源不断的高技术人才。虽然苏联解体导致俄罗斯遭受剧烈震荡，在科技发展方面遇到了很大的困难，但雄厚的科研基础实力和科技实力以及完善的人才培养体系使其在很多领域仍然具有优势。石油勘探技术、石油利用技术、发电技术、煤炭利用技术、核能技术世界上都是名列前茅。石油技术、热能利用、发电技术等专业也是俄罗斯高等教育中的强项专业。

进入新世纪，俄罗斯能源经济的弊端日益加剧，国家向创新发展转型的压力越来越大，有效的解决途径就是大力发展科技，其关键要素是培养大量创新型人才。在这种情况下，俄罗斯制定了国家人才战略，而高等教育在人才培养中发挥着至关重要，甚至是决定性作用，在高校组织机构、人才培养方式和教学形式上做出了适应性变革，强化与科研院所和产业界的合作，发展国际化高等教育，利用国际教育资源，优先培养国家发展核心领域所需的人才成为俄罗斯教育改革的中心任务。

2012 年初，俄罗斯莫斯科国立大学按照校长萨多夫尼基的指令，在国家管理系的基础上成立了金砖国家问题研究系际间协调委员会，针对金砖国家问题开展科研和人才培养工作，主要包括汇集俄罗斯专家智慧，以培养高端人才为目的激发学生的科研创新能力，积极与相关高校进行合作，与金砖国家其他成员国的高校建立伙伴关系。目前金砖国家网络大学ITG组织中的只覆盖能源动力类专业方向。

1. 油气技术专业

俄罗斯石油院校相关专业均由俄罗斯教育部统一规划培养计划，油气工程、地质与矿藏勘探及化学工艺与生物技术三个专业是俄罗斯石油院校的主干专业。依据油气工程专业方向培养计划，掌握基本课程的期限为4年。油气工程属于科学与材料生产领域，该领域是人类活动手段和方法的综合，其目的是对石油、天然气和凝析气等地下资源进行综合开发，毕业生主要从事石油、天然气和凝析气田开发开采、提取加工技术、石油天然气开采设备、碳氢化合物输运系统等方面的研发、制造和运行方面的工作；地质与矿藏勘探专业主要针对油气储层、地质建模、储量计算、油气水文地质、油气田开发地质监测和管理以及预测，勘探和勘探油气田的方法等方面的人才培养工作，毕业生能够掌握油气田地质及预测，勘探和勘探油气田的方法和技术手段，学生可从事油气田预测、勘探和开发相关的工作。化学工艺与生物技术专业主要培养有关油气相关的深加工技术，部分高校将这一专业与环境工程相关的内容进行合并，毕业生可以从事油气加工相关的工作。

2. 能源动力类专业

俄罗斯能源动力类专业的人才培养开始得非常早，早在20世纪初期就开始在热能利用方面设置了人才培养计划。根据俄罗斯教育部的相关规定，能源动力类专业从属于电能与热能专业，二级专业包括热力学与热工学、电力电气工程、动力机械工程三个专业方向，三个专业方向分别授予热力学与热工学、电力电气工程、动力机械工程学士学位。

（1）热力学与热工学专业。该专业主要是培养在热学专业领域的全过程知识体系，包括热量的应用，流量管理以及将其他类型的能量转化为热量。学生就业方向分为热电厂和核电厂等生产企业，能够对企业能源系统、小能源对象进行设计和研究。专业知识覆盖有换热器设计热力系统、锅炉、核电厂反应堆和蒸汽发生器、蒸汽轮机和燃气轮机等热机、动力装置、气体液化压缩技术、压缩机、制冷技术、空调系统、热泵、化学反应器、燃料电池、电化学、氢能、热工辅助设备、热力系统、工业用热技术和电气设备、新型制冷技术、冷却装置、燃料和石油、热力相关政策与法规、热工测量与自动控制技术。

由此可见，俄罗斯的热力学与热工学专业覆盖了热能相关的燃烧、换热、低温质量、热机、燃料、热工自动化、能源法规等领域，专业覆盖面广。因此目前俄罗斯开设本专业的高校均根据各自特点和人才培养需求，对该专业进行细化，细分为若干个方向，如乌拉尔联邦大学细分为工业热力学和热电厂两个子方向。

目前俄罗斯共有 99 个高校开设有本专业，其中莫斯科和圣彼得堡设有本专业的高校较多，分别有 8 所和 7 所。

（2）电力电气工程。该专业主要对应中国的电气工程及其自动化专业，主要是针对电能的输送、变换、分配、应用及电网系统控制和设备制造相关的知识、技术培养专业人员，另外可再生能源和新能源发电技术也包含在这个专业中。学生的就业方向主要包括发电厂、变电站、工业涉电领域等，主要知识体系覆盖电力网络、供电系统、高电压技术、电子电气设备、电力系统自动控制和继电保护、新能源和可再生能源的发电技术和设备、电机学、变压器、电力控制系统、电力系统电气绝缘、电缆和电线、电容器、绝缘材料、电力驱动及自动化、电力输运技术、电机拖动、船舶自动化电力系统、能源电力驱动、电力转换装置和电力驱动装置、飞机控制和诊断装置、工业电力经济、工厂电气设备、电力系统相关文件标准和法律、电力监测。由此可见，俄罗斯电力电气工程专业覆盖了所有设计电能输变配用相关的各个技术方面。

目前俄罗斯共有 181 个高校开设有本专业，其中莫斯科有 12 所高校，圣彼得堡有 9 所高校。各个高校在这一专业的设置过程中，会根据自身特点对课程体系和培养方案进行修订。

（3）动力机械工程。该专业主要是针对一切涉及能源转换机械相关技术、设备的设计、研究、按照和操作培养专业性人才。学生就业方向主要是各个能源机械研究和制造部门，知识系统覆盖所有涉能机械的原理、驱动、设计和自动化领域，具体机械专业包括各种锅炉（包括热水、蒸汽和废热锅炉）、蒸汽发生器、燃烧室、蒸汽轮机和燃气轮机辅助设备、汽轮机、换热器、水轮机和可逆液压机、能量泵、水动力传动、液压气动装置、液压和气动执行器、能源设施的液压气动联合控制、内燃机、风机、压缩机、控制能量机器、辅助设备。由此可见，该专业与我国能源与动力工程专业中的内燃机方向、热机方向、锅炉方向、低温与制冷方向均有部分重合，但是专业知识设置只是针对机械领域，学生就业面偏窄。因此目前俄罗斯只有 40 个高校开设有本专业。

（三）印度能源领域本科专业体系研究

在印度高等教育体系中，能源领域本科专业的设置并不统一，对于不同学校，名称各有区别。比如对于印度理工大学的几个校区中，瓦拉纳西校区设置化学工程专业下的热能工程方向，孟买校区设置有能源科学与工程专业，坎普尔校区则设置在化学与材料科学专业下面。人才培养特点也不尽相同，瓦拉纳西校区覆盖了制冷、内燃机、可再生等不同方向，在课程设置上增加了拓展科研的有限元等课程；孟买校区覆盖了新能源、电力生产、能源材料等方向，课程设置上增加了一些企业运营、能源科技等偏重能源人文类的课程；坎普尔校区则偏重太阳能、风能和能源材料领域，在不可再生能源上主要培养石油相关人才。

印度加入金砖国家网络大学的大学共 12 所，包括印度理工学院瓦拉纳西分校、印度理工学院坎普尔分校等著名高校。其中加入国际能源小组 ITG 的只有印度理工学院孟买分校和印度理工学院瓦拉纳西分校。

1. 印度理工学院孟买分校（IIT Bombay）

印度理工学院孟买分校在授课和课程设计方面灵活性很强，且随时间和时代的发展而不断修正，所有课程的设置均需 IIT Bombay 学院委员会批准通过。IIT Bombay 执行学分制，学生科研按照自己的需要和进度灵活机动地调整上课时间。

IIT Bombay 在能源领域的人才培养分布于能源科学与工程系（The Department of Energy Science and Engineering，DESE）。该系为依托机械、化学、电气工程和其他相关工程学科，培养能源领域的专业人才，教师与印度的新能源和可再生能源部、原子能管理委员会、原子能部和几个多个工业管理部门（如福布斯马歇尔、马哈拉施特拉邦电力监管委员会）关系密切，使得该专业的学生实习实训和就业情况良好。

DESE 具有本科、硕士和博士三个层次的人才培养方案，主要研究方向包括能源效率和节约、太阳能光伏和热能、电池和存储工程、氢和燃料电池、智能微电网、生物质和生物燃料、风能、核能等可再生能源利用技术。

DESE 为本科生提供的课程表非常丰富，学生需要修够必修环节和选修环节，每个部分都有学分要求。专业课程共分为四个学期执行，其中只有第一学期和第二学期有必修环节，第一学期必修课程包括非传统能源、能源工程基础、能源经济与环境、能源系统建模与分析，第二学期必修课程包括能源管理、发电与系统规划、非传统能源系统。

在选修课程方面，DESE 提供的课程表非常丰富，共有 42 门选修课程，几乎覆盖了能源领域的各个范围。其中与能源理论有关的核反应堆理论、先进的热力学、先进的运输现象、高级反应工程、先进的传热、先进的热力学与燃烧、对流传热传质、直接能量转换、工业系统的热力学分析等课程；与能源工程有关的低温工程、电化学反应工程、系统优化、先进的工艺综合、空调系统设计等；与新能源有关的氢能、燃料电池、太阳能热利用、风能转换系统核反应堆热工水力学与安全、风能转换系统、工业加热用太阳能、燃料电池等；与节能环保相关的热环境工程、能源和气候、节能技术、建筑节能、污染控制系统；与电力电子相关课程电力电子技术、电机学、电力系统分析、电机分析与控制、电力系统的电力电子技术、高压直流输电、微处理器应用；其他辅助类课程有计算机辅助设计与工程、过程建模与识别、热和流体工程中的计算方法、动力系统动力学与控制、能源材料和设备、流程整合、建模与仿真等。另外在专业课程的第三学期和第四学期，要求学生跟从项目研究，需要修够一定的学分。

2. 印度理工学院瓦拉纳西分校

印度理工学院瓦拉纳西分校中能源领域的本科人才培养设置在化学工程系，主要注重可再生能源和新能源技术。在本科课程中，化学工程系独立或与外部部门联合提供多门课程，实验设备在校内和地区之间进行共享，且与相关企业具有良好校企合作关系，在燃料电池、燃煤电站污染物治理、生物能源加工等方面具有一定的科研基础，本科实验室包括传热实验室、传质实验室、流体实验室、能源实验室和工业污染实验室。

印度理工学院瓦拉纳西分校在本科人才培养方面是执行 4 年的学期制模式，分 8 个学期修完。课程体系更加偏重化学相关内容，其课程体系主要包括 5 部分的课程内容：①基础科学内容：生物学、数学、物理学等内容；②专业基础课内容：图学、传热学、流体力学、化学工程热力学、化学反应工程、材料学等内容；③拓展型专业课：流体流动和机械操作、传热工程、能源资源和利用、工业污染与控制、石油炼油工程、复杂反应动力学等内容；④计算机与控制类内容：软件编程、工业过程控制、建模仿真与优化、多组分蒸馏、太阳能工程、多相催化、反应堆设计和分析等内容；⑤其他内容：人文类和英语类课程。除课程内容以外，还设置了若干个实践环节：能源资源与利用、工业污染与控制、过程工程和工厂设计、流体流动和机械操作、化学反应工程、仪器和过程控制、计算流体动力学等环节。

（四）巴西能源领域本科专业体系研究

巴西在能源领域具有突出表现，其生物燃料的科技和工程领域居世界前列，中国与巴西在前些年签订并重申了能源科技合作协议。但是相对而言，近些年来巴西在能源人才培养方面存在一定欠缺，开设有能源领域专业的高校较少，专业方向不尽完善，与巴西能源发展势头差距很大。巴西几大能源企业在人才招聘方面存在很大缺口。

目前巴西几个排名前十的大学中，圣保罗大学设置的 38 个专业中，能源领域设置了石油和采矿等专业，坎皮纳斯州立大学、里约热内卢联邦大学、南大河联邦大学及维索萨联邦大学中能源领域专业设置在机械工程下面，圣保罗联邦大学则设置在机械工程和电气工程下面，只有圣卡塔琳娜联邦大学设置了专门的能源利用和管理专业。由此可见，巴西能源领域本科教育通常不独立设置，多数设置在机械工程下面，作为机械领域的一个分支专业，并没有体现出能源领域教育的特色和相应拓展。

在金砖国家网络大学项目中，巴西参加的高校共 9 所，包括里约热内卢联邦大学、米纳斯吉拉斯联邦大学、维索萨联邦大学等著名大学，其中加入 ITG-Energy 的有两所高校，分别是维索萨联邦大学（UFV）和圣卡塔琳娜州联邦大学（UFSC）。

1. 维索萨联邦大学

维索萨联邦大学中的能源领域高等教育设置在 Viçosa 校区，教学内容设置在机械工程专业中，其主要课程体系围绕机械工程展开。维索萨联邦大学的本科教学采取学分制，学生可以根据需要自主选择课程，课程设置和选择由大学课程调节委员会进行调节。

在人才培养方案中可以看出，该专业主要要求学生具有应用数学等知识解决工程问题、实验设计和结果分析、机械系统和产品设计和分析等 9 项能力，与中国工程教育认证的 12 条要求基本吻合。在课程矩阵中可以看出，其中包括热学类课程传热学、热力学、燃烧学，有电工电子类课程和控制类课程等能源动力的相关内容，但是更多的课程围绕机械设计与分析展开，比如热机类课程等。由此可见，在该校中能源领域课程从属于机械领域，专业深度和拓展性较差，难以体现出能源领域的特色。

2. 圣卡塔琳娜州联邦大学

圣卡塔琳娜州联邦大学（葡萄牙语：Universidade Federal de Santa Catarina，UFSC）的能源领域高等教育布置在 Araranguá 校区，专业名称为能源工程。

该专业人才培养主要面向能源生产、储存、分配、利用以及环境保护，目前执行的本科课程体系设置于 2013 年，历年来变化较少。根据专业人才培养方案，能源工程专业的培养目标是了解能源系统运行特点和基本原理，有能力在能源领域进行规划、设计、部署、管理、分析和评估，同时对能源相关的经济、社会和环境问题有所了解和掌握的专业人员。根据课程体系，该专业学生需要最少修够 10 学期的课程，被授予能源工程专业本科文凭。

该专业设置有 2 个专业方向，一个是能源转换，另一个是能源和可持续发展。在课程体系中，前 6 个学期两个专业方向的课程完全相同，到了第 7 学期之后，开始出现了区别。除必修课程外，该专业的学生还需要修够 144 学时的选修课程，选修课程主要设置有 3 个模块，学生可以根据需要自己选择学习科目。该课程体系具有如下特点。

（1）对于自然课程非常重视。一共设置了微积分、分析几何、线性代数、概率统计、计算机数值计算等 5 门数学必修课程，物理学、物理实验、普通化学和化学实验 4 门物化必修课程，有机化学和生物化学 1 门选修课程。其中微积分设置 4 个学期，物理学有 3 个学期（另设 1 个学期的选修课程）。根据教学大纲，该校所设置的微积分Ⅳ（即第 4 个学期的微积分）讲授的内容与中国高校的复变函数与积分变换相同。

（2）重视专业基础课程。圣卡塔琳娜联邦大学一共开设了理论力学、材料学、流体力学、传热传质和热力学 5 门专业基础课程，其中传热传质和热力学两门热学课程都设置了 2 个学期（中国高校普遍设置 1 个学期）。由此可见圣卡塔琳娜联邦大学在人才培养上对于传热学、能源转换和热力系统的重视程度。

（3）偏好新能源和能源新科技。课程设置中，共设置了有关生物质能源的基础课 1 门（生物技术基础）、海洋能的基础课 1 门（海洋能源）。这种课程的设置与巴西的能源科技发展前沿和趋势是相吻合的，充分支持巴西在生物能源上的人才储备。另外该专业还设置了包括风能、太阳能、氢能、生物燃料等在内的 9 门专业选修课，紧扣巴西在新能源利用上的战略方针。能源专题和高级能源专题则是为了提供能源科技前沿知识。

（4）专业方向较宽。能够将学生的专业领域通过选修课程拓展到热力发电、低温制冷、燃料电池、建筑能源以及新能源的各个领域，为学生的专业发展提供了支撑。

（5）给学生足够的能源管理和从业知识。课程体系中设置了能源管理（运筹学、能源管理、项目管理、能源规划等课程）、能源法规（环境法规、环境评估）、工程经济运行（工程经济学）及创业就业（创业训练、商业计划设计、能源工程创业基础）等多个方面的课程支持，为学生从事能源相关的其他工作提供了发展空间。

（五）南非能源领域本科专业体系研究

南非在能源领域具有煤炭多、油气少的特点，在煤炭制油的技术上具有突出成果，相应而言，在能源领域的本科人培养上也取得了一定成果。

南非的大学管理体制与英国大学的管理体制相近。根据南非法律，南非的大学具有办学自主权，因此在专业设置上没有进行统一管理，不同学校呈现不同特色。比如：南非排名最高的开普敦大学中，能源领域专业设置了自然科学学院的电力专业；金山大学中则设置在机械工程专业下面，学习热机和发电相关知识；斯泰伦博斯大学同样设置在机械专业中，主要提供能源利用和新能源等专业方向。

在金砖国家网络大学中，南非共有包括开普敦大学、中央理工大学、南非西北大学等在内的 12 所大学加入，能源国际小组高校包括南非西北大学和林波波大学两所。林波波大学在人文和医学类领域实力较强，本科教育层面没有设置能源领域专业，但在科学研究上面设置有可再生能源和环境保护相关研究方向。西北大学中则设置了关于能源利用、电能生产、电能输送、核能利用等相关领域的高等教育课程，同时设置了相关的研究生培养方向。

第五章　金砖国家水工程
与能源领域通用标准构建
和特别条件研究

根据前面的研究基础可以看出，金砖五国在水工程和能源领域高等教育管理和体系不尽相同，在人才培养模式和学位管理上存在较大差异。要想推进金砖国家在高等教育上的深度合作和发展，需要在人才培养理念、人才培养目标和人才培养规格上达到一定程度的认同，并且对两个领域的课程体系和部分课程大纲构建通用标准，针对特定国家的情况，建立起相应的特别合作条件。

一、金砖国家网络大学通用人才培养目标与规格

金砖国家网络大学成立之初，选定水资源、能源领域、生态和气候等六个领域为金砖国家首要合作领域。这一决策的提出，主要考虑到不同领域人才需求和科学研究热点。时至今日，这六个领域仍然是国际发展的关键领域，尤其是水资源和能源领域，更是制约金砖国家乃至全世界发展的重要约束条件，是当今科学研究的热点问题。金砖国家网络大学架构的提出，旨在推动金砖国家高等教育深度合作，使金砖国家能够通过资源共享和强强联合，实现人才培养上的突破，以求对本国、金砖国家乃至世界行业发展提供人才和智力的保障。因此，金砖国家网络大学在人才培养上需要秉持兼顾工程应用和科技创新的国际化人才培养理念，强化本科毕业生专业基础，同时提供进行科学创新训练的环节，以保证毕业生的就业竞争力和专业发展能力，使得毕业生能够为金砖国家乃至世界同领域的技术发展和科技创新做出相应贡献。

（一）金砖国家人才培养目标

基于以上人才培养理念，需要首先明确金砖国家网络大学本科人才培养目标。培养目标是人才培养的规格和标准的宏观表现，是解决金砖国家网络大学培养什么样的人的问题，是保障人才培养质量的前提。由于金砖国家在人才培养体系、管理上存在较大差异，因此本书秉持宏观理念，基于金砖国

家网络大学的构建目标和特性进行人才培养目标的设计。

基于金砖国家高等教育合作目标，金砖国家网络大学所培养的本科层次人才应该具备技术性、创新性和国际性三方面的要求，既具有较高的专业知识体系，能够对相应领域具体工程问题进行分析、设计和解决，又具有较高的自然科学知识和人文素养，能够对相应领域的科学问题进行初步辨识、分析和研究，同时还需要具有较高的国际化专业交流能力，具有一定的语言沟通能力、专业交流能力、跨文化交际能力等，能够实现跨国的工程技术合作和科学研究合作。

综上所述，金砖国家网络大学水工程和能源领域的本科层次人才培养目标应该是具有一定的自然科学知识、专业理论知识和人文社会知识，具备一定的动手实践能力、创新能力、自我学习能力和跨文化交际能力，能够在相应领域从事工程设计、运行、管理、施工、维护和科学研究等工作的高层次复合型人才。

（二）人才培养规格

为了实现以上人才培养目标，金砖国家网络大学本科毕业生应该具有相应的能力规格和要求，主要体现在应对工程问题、科学研究和国际交流三方面的统一。

（1）自然科学基础与工程技术问题的统一。毕业生应具备专业相关的足够的自然科学知识，并且具有将相应自然科学知识应用于相应领域工程技术问题的能力，能够利用自然科学知识、专业知识对工程问题进行分析和研究，设计相应解决方案并具有初步试验和优化的能力。

（2）工程技术问题与创新能力的统一。毕业生应具有一定的专业领域相应的科技创新能力和动手实践能力，能够对工程技术中遇到的技术问题中存在的科学问题进行辨识、分析和初步研究的能力，能够胜任在相应专业领域进行科学研究学习的继续深造工作。

（3）专业能力和国际化的统一。毕业生应具有较高的国际视野和跨文化交际能力，能够在跨国工程技术合作和科学研究合作中进行语言和文字的专业交流，能够对不同国家的人文、宗教、专业技术、法律法规的区别进行把控，以保障跨国专业合作的顺利实施。

具体来说，金砖国家网络大学所培养的人才应该具备以下五个方面要求。

（1）具备足够的数学、物理、化学等自然科学知识，能够将自然科学知识应用于相应领域工程技术问题，对相应问题进行辨识、分析和研究。

（2）具备足够的专业知识，能够利用专业知识对相应领域工程技术问题和科学问题进行分析和研究，并具备一定专业拓展能力。

（3）具备足够的人文社会知识，能够对相应领域工程技术、项目设计、科学研究中所涉及的社会、健康、安全、法律以及文化问题进行认知和评价，具备一定的经济学和管理学知识，能够承担相应领域的经济分析和运行管理等工作。

（4）具备相应领域一定层次的创新技术和创新思维，能够基于自然科学基础理论、专业知识体系对工程新技术和科学新问题进行研究，初步设计实验方案和解决方案，并利用专业领域的信息化工具和研究工具进行数据分析，以实现初步的科技创新。

（5）具备较高的跨文化交际能力，能够对相应领域工程问题和科学问题进行交流和沟通，能够在跨国工程技术合作和科学研究合作中进行文字、语言沟通、交流和表述，能够在跨国工程技术合作和科学研究合作中对不同国家的文化、宗教、社会、法律等问题进行认知，对不同国家的不同影响有所了解，避免出现非技术上的不必要的分歧和矛盾。

二、金砖国家水工程领域通用标准构建和特别条件研究

（一）金砖国家水工程本科领域人才培养能力通用标准研究

水工程人才培养需要适应社会发展需求，具备高尚的职业道德、社会责任感和良好的人文科学素养，具有系统的基础理论和专业知识，较强的学习能力、实践能力、创新创业能力，国际视野和多文化交流与合作能力，能在水利、水电、能源、土木等行业，从事规划、设计、施工、管理等方面工作的高素质应用型人才。

水工程专业学生毕业后 5 年左右，预期获得工程师或相应职称的专业技术能力和条件，并能够通过继续教育或其他终身学习渠道进一步完善知识体系、拓展国际视野和提升专业技能，为社会发展做出更大贡献。

培养水工程人才专业能力主要为以下五个方面。

1. 品德人文素养

具有健康的体魄和良好的心理素质，具备高尚的职业道德、社会责任感和良好的人文科学素养。

2. 基础及专业知识

具有系统的基础理论知识、专业知识，并能够综合考虑社会、经济、环境、法律、安全等方面的影响因素，解决水利工程中的复杂工程问题。

3. 工程素养

具备较强的工程实践能力和自我学习能力，能够成为单位的业务骨干，

具有获得中级技术职称的能力。

4. 专业能力

针对水利水电工程专业复杂工程问题，具备分析、解决和实际操作的能力，能在水利、水电、能源、土木等行业，从事勘测、规划、设计、施工、管理和科研等方面工作的高素质应用型人才。

5. 协作及交流能力

具有国际视野和多文化交流与合作能力，能够在多学科团队中承担特定的角色并发挥相应的作用。

水工程专业学生须掌握数学、自然科学、人文社会科学、工程基础、专业基础及专业类基本理论和知识，受到水工程行业必要的自然及人文科学、工程勘测、设计、施工、管理的基本训练，掌握勘测、科学运算、实验、测试、设计、施工与管理等方面的基本技能，具备运用所学专业知识分析解决实际工程问题、开展科学研究与从事组织管理工作的基本能力。毕业生应获得以下几方面的知识、能力和素养。

1. 工程知识

掌握数学、自然科学、工程基础和专业课程的基础知识，并能够灵活应用于水利水电工程领域解决复杂工程问题。

2. 问题分析

能够应用数学、自然科学和工程科学的基本原理，并通过文献查阅，正确识别、表达与分析水利工程中复杂工程问题，以获得有效结论。

3. 设计/开发解决方案

针对水利工程领域复杂工程系统，在满足法律、健康、安全、文化、社会和环境等条件下，提出合理的规划、设计、施工和管理方案，并体现创新意识。

4. 研究

掌握专业领域工程实验的基本原理与设计方法，能够对水利复杂工程问题开展科学实验与数据分析，并得到合理有效的结论。

5. 使用现代工具

运用专业技术与现代工具，能够对水利复杂工程问题进行模拟与预测，并分析模拟方法的合理性与预测结果的可靠性。

6. 工程与社会

基于专业知识及行业规范，正确评价水利工程建设方案对社会、健康、安全、法律以及文化的影响，并能充分认识工程的负面效应。

7. 环境与可持续发展

深刻理解水利工程建设与生态环境的关系，正确评价水利工程实践对生态环境、社会可持续发展的影响。

8. 职业规范

具有良好的身体素质和人文社会科学素养，有较强的社会责任感与事业心，吃苦耐劳，遵守工程职业道德和行业操守。

9. 个人与团队

具有团队协作精神，在多学科团队中承担和做好相应角色的任务，发挥应有的作用。

10. 沟通

具备良好的表达能力、思维能力与人际交往能力，能够针对水利复杂工程问题，与同行及社会公众进行有效沟通，并具有一定的国际视野，能够进行多文化的国际交流与合作。

（二）金砖国家水工程领域人才培养课程体系通用标准研究

1. 课程设置

课程由学校根据培养目标与办学特色自主设置。本专业补充标准只对数学与自然科学类、工程基础类、专业基础类、专业类与人文社会科学类课程的内涵提出基本要求，各学校可根据该基本要求设置课程。

（1）数学与自然科学类课程。数学类包括线性代数、微积分、微分方程、概率论和数理统计等知识领域；自然科学类包括物理、化学、生态学（或环境学）等知识领域。

（2）工程基础类课程。水文专业：包括自然地理学、水力学必修核心知识领域；地理信息系统等可选核心知识领域；还包括水利工程、运筹学和测量学等知识领域。水工、港航、农水三专业：包括理论力学、材料力学、结构力学、工程制图、工程测量、工程材料、工程地质、工程经济、计算机信息技术等知识领域；还可包括电工电子学、水文地质学等知识领域。

（3）专业基础类课程。水文专业：包括气象学、水文学原理、水文统计和地下水水文学必修核心知识领域；还包括水环境化学、河流动力学、水文测验、水利经济和地下水动力学等可选核心知识领域。

水工、港航、农水三专业：包括水利概论（或水利工程概论）、水力学、土力学、工程水文学、钢筋混凝土结构学等知识领域；根据专业特色，还可包括弹性力学及有限元法、钢结构、河流动力学、海岸动力学、电工学及电气设备、水利计算、土壤学与农作学等知识领域。

（4）专业类课程。水文专业：包括水资源利用、水环境保护必修核心知识领域；水文预报、水文地质勘察、水灾害防治和水文水利计算等可选核心知识领域；还包括工程管理、水库调度与管理、河口水文学等知识领域。在该专业的 10 个可选核心知识领域中，至少选 5 个领域为必修。水工专业：包括水资源规划及利用、水工建筑物、水电站、水利水电工程施工、工程项目管理等知识领域。港航专业：包括港口规划与布置、港口海岸水工建筑物、航道整治、渠化工程、水运工程施工、工程检测与维护等知识领域。农水专业：包括灌溉排水工程学、水工建筑物、水泵及泵站、水利工程施工等知识领域；还应在土壤水动力学、地下水、工程管理、工程概预算、灌排工程系统分析、水利工程移民、灌溉试验方法、节水灌溉技术与设备、水工模型试验、泵站运行与管理、水土资源规划、水土保持工程、房屋建筑学、村镇给排水、设施农业、施工监理等知识领域中至少选 5 个领域为必修。

（5）人文社会科学类课程。培养学生的人文社会科学素养、公民意识、社会责任感和工程职业道德，提高用外语进行交流的能力和身体健康水平。从事专业工作时能够正确认识社会、经济、环境、安全、法律等各种因素的影响。

2. 实践环节

包括课程实验与实习、专业实习、课程设计、毕业设计（论文）及其他实践环节等，其中每个课程设计一般安排 1～2 周，毕业设计（论文）不少于 12 周。

（1）课程实验。水文专业：包括物理、化学、计算机信息技术、水力学、自然地理、河流动力学、水文测验、水文地质勘察和地下水水文学等。水工、港航、农水专业：包括物理、化学、材料力学、水力学、土力学、工程材料、工程测量、计算机信息技术等；还可包括电工学及电气设备、土壤学与农作学、水工建筑物、水电站、专业综合实验等。

（2）课程实习。水文专业：包括测量、气象、自然地理、水文测验等。水工、港航、农水专业：包括工程测量、工程地质等；还可包括水文地质、工程水文等。

（3）专业实习。包括认识实习、生产实习等。

（4）课程设计。水文专业：包括水文水利计算、水资源利用、水环境保护、水文地质勘察等。水工专业：包括钢筋混凝土结构、钢结构、水工建筑物、水电站、水利水电工程施工等；还可以包括水资源规划及利用等。港航专业：包括钢筋混凝土结构、有关专业课的课程设计（2 门以上，共不少于 3 周）。农水专业：包括钢筋混凝土结构学、灌溉排水工程学、水工建筑物、水泵及泵站等。还可以包括水土资源规划及利用、水土保持工程等。

（5）其他实践环节。包括工程技能训练、科技方法训练、科技创新活动、公益劳动、社会实践等。各校可根据实际情况自行安排，但应适量计入学分。

3. 毕业设计（论文）

（1）选题。毕业设计（论文）要以所学知识为基础，结合实际工程进行综合设计训练，也可对涉及本专业的专门技术问题进行专题研究。课件制作、调研报告、技术总结等综述性文章报告不能作为毕业设计（论文）的选题。

（2）内容。包括选题论证、文献检索、技术调查、设计或实验、结果分析、写作、绘图、答辩等，使学生在各方面得到锻炼，并培养学生的工程意识和创新意识。

（3）指导。有足够多的教师从事指导。毕业设计（论文）的相关材料（包括任务书、开题报告、反映指导教师指导与管理过程的材料、指导教师评语、评阅教师评语、答辩记录等）齐全。结合生产项目进行的毕业设计（论文），应由教师与企业或行业的专家共同指导，答辩时一般应有企业或行业的专家参加。

金砖国家网络大学水工程领域本科人才培养通用课程体系见图 5-1。

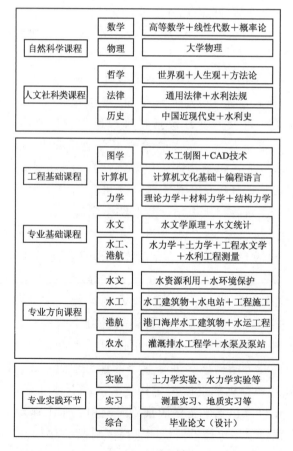

图 5-1　金砖国家网络大学水工程领域本科人才培养通用课程体系

三、金砖国家能源领域通用课程体系标准构建和特别条件研究

（一）金砖国家能源领域人才培养能力通用标准研究

根据金砖国家网络大学通用人才培养目标和规格，能源领域的人才培养主要需要具有能源领域专业方向能力与专业拓展能力、工程技术岗位胜任能力、初步科学研究能力、语言和跨文化交际能力等四种能力要求。为了达到这些能力培养要求，需要在课程体系中实现支撑。

1. 能源领域专业方向能力与专业拓展能力

学生应该具备支撑能源领域纵深发展专业方向能力，同时具备横向发展的专业拓展能力。能源领域在高等教育中呈现大幅度跨学科、多数量专业方向的特点，通常覆盖热学、机械、电学、控制等不同学科知识范畴，专业方向可以延伸到发电、制冷、内燃机、新能源技术以及由此拓展的节能技术、环保技术、储能技术、电网输运技术等不同领域。因此，为了培养学生具有足够的专业方向纵深发展和横向拓展能力，需要在课程体系中设计足够的自然科学知识课程、通用工程技术课程、专业基础课程、专业方向课程和专业拓展课程。

2. 能源领域工程技术岗位胜任能力

学生应该在毕业后在能源领域相应工程技术岗位上胜任相应的装备建造、项目设计、工程运行、工程维护、经济分析、项目管理等不同层次工作，这就要求在人才培养过程中针对不同的人才培养需求设计相应的专业拓展课程和培养环节。比如对应发电方向的人才培养可以增加发电相关的运行、维护、设计等教学环节，对于内燃机方向的人才培养可以增加车辆设计、车辆管理等教学环节，对于低温制冷方向的人才培养可以增加压缩机设计、冷链运输设计、物联网设计等教学环节。除此以外还可以增加一定的岗位胜任相关的实习实践环节。

3. 能源领域初步科学研究能力

学生能够掌握能源领域进行科学研究的初步能力，能够掌握进行科学研究所需要的信息化工具和实验设备，初步掌握传热学、工程热力学、流体力学等方面的数值计算方法，能够利用相应软件进行传热、多相流动的分析和研究能力；初步具备一定水平的文献检索和写作能力，能够对相应科学问题和科学研究结果进行表述、沟通和交流。

为了达到这一人才培养要求，需要增加一些文献检索、论文写作、科研工具、数值计算等方面的理论课程和相应的实验创新类的实践环节。

4. 语言和跨文化交际能力

学生应该初步掌握最少一门语言，具备国际语言交流能力；了解不同国家的人文、宗教、社会、专业技术、法律区别，能够在跨国工程技术合作和科学研究合作过程中尊重其他国家社会习俗、价值取向、文化背景及能源领域的专业特点和要求，对相应专业问题和方案进行阐述、撰写、交流和沟通，避免非技术性不必要的分歧和矛盾，推动跨国技术合作和科研合作。

为了达到这一人才培养要求，需要增加一定比例的语言培养环节和跨文化交际的理论课程和实践环节，并且借助金砖国家网络大学平台推动跨国联合培养、跨国人才交流等国家交流，以实现跨文化交际能力的实践培养。

（二）金砖国家能源领域人才培养课程体系通用标准研究

为了达到以上人才能力培养的要求，需要构建相应的课程体系。基于金砖国家能源领域课程体系的研究，本书构建了由自然科学基础、人文科学基础、通用工程基础、专业基础、专业方向、专业拓展和专业实践教学等七个环节构成的通用课程体系标准，其中自然科学基础主要提供本科生在现代科学和工程领域进行进一步学习的基础，人文科学基础课程提供哲学和社会科学领域基础知识，工程基础课程提供学生通用工程相关知识基础和能力训练，专业基础提供能源领域相关课程学习的理论基础和能力基础，专业方向类课程提供含热机、发电、制冷等专业方向的专业核心课程，专业拓展课程为有关毕业生提供从业训练和科学研究发展所需的课程，专业实践教学实现课程教学的支撑和实践能力的培养。

通用课程体系考虑了金砖国家课程体系的差异，能够实现对人才培养目标、人才培养规格和人才培养能力的支撑。

1. 自然科学基础课程

根据金砖国家能源领域课程体系的研究，通常自然科学基础类课程主要分为数学、物理、化学三个部分，其中数学通常包括微积分、概率论、矩阵论、复变函数等四个部分内容，物理通常包括普通物理、现代物理两部分内容，化学类课程则开展的较少。

根据几个国家的对比可以看出，不同国家在课程名称和学时学分的设置上不尽相同，比如中国通常将四个部分的数学内容分成四门课，而俄罗斯则将其融合在一门数学中，印度理工学院瓦拉纳西学院则开设为工程数学等，但是根据课程大纲分析可以看出，内容基本覆盖有这四部分内容。

对于高等教育而言，加强自然科学基础课程对于本科生的专业学习、专业拓展、思维训练和学习能力等方面的培养非常重要，因此在通用人才培养课程体系中，建议按照中国高等教育的设置方法，以四门数学课、一门物理课和一门化学课实现自然科学基础的教学工作，学时数不小于总学时的 15%。

2. 人文社科基础课程

能源领域人文类课程主要包括哲学、历史类、管理学、法律、心理学等相关课程。通过金砖国家本科课程体系对比研究，金砖国家均设置了哲学和法律课程，部分国家设置了历史、管理、经济及心理学等课程。具体到课程内容而言，由于不同国家国情和政治形态的区别，不同国家甚至同一国家不同学校的设置均存在较大区别。比如中国设置有思政类课程、历史类、法律类课程等必修环节，俄罗斯设置了哲学、俄罗斯历史、经济学、法学、心理学等环节，印度理工学院瓦拉纳西学院和孟买学院设置了哲学和人文环节，巴西圣卡塔琳娜联邦大学设置了哲学、心理学、管理学等课程。

考虑到不同国家的特殊情况，建议将哲学类、法律类和历史类课程设为必修课程，课程内容需由合作国协商确定。同时为了学生毕业后的长期发展，建议增加管理学、经济学和心理学课程，具体学时和学分由合作双方确定。

3. 通用工程基础课程

通用工程基础课程指的是与通用性工程相关的课程，比如图学、计算机编程类课程、力学类课程等。通过金砖国家本科课程体系对比研究，在绝大多数国家的能源领域本科课程体系中，均包含了这些课程内容，但是课程范围、要求和学时设定区别较大。在中国高校中，通常设置有图学概论、机械制图与计算机绘图、高级语言编程、理论力学、材料力学等课程；在俄罗斯通常设置有工程绘图、信息学、理论力学、应用力学等课程；在印度理工学院瓦拉纳西学院设置有工程制图、计算机编程（1-2）等；在巴西圣卡塔琳娜联邦大学设置有图形表达、信息和通信技术、工程物理学等课程。

通用课程体系中设置了图学课程、计算机编程课程、工程力学课程各一门，其中图学课程应该覆盖有图学概论、机械制图、水工制图和计算机绘图等内容，计算机编程可以选择专业相关的通用编程语言，如C语言或Python等，考虑到学生在今后从事专业科研的编程需要，可增加专业软件选修课程一门。工程力学课程需要覆盖理论力学、材料力学等知识，也可酌情加入结构力学的内容，具体学时需要合作方协商确定。

4. 专业基础课程

能源领域专业基础课程通常需要支撑专业课程学习，利于学生在本领域的拓展。能源领域通常需要热学、流体、机械、电学、控制等多个学科的交叉支撑，因此其专业基础课程需要覆盖这五个学科领域。目前金砖国家在这方面的课程设计基本相同，热学领域通常开设有传热学（传热传质）、工程热力学和燃烧学，部分学校将前两个课程融合成为热工基础，将燃烧学相关内容融入其他专业课程中；流体方向课程通常开设流体力学，部分高校称为流体空气力学，但内容基本相同；机械学科的基础课通常开设有机械设计基础或机械原理；电学类课程通常开设为电工电子基础，部分高校则拆分为电路原理和电工电子学两门课程，但内容基本覆盖电路、模拟电路和数字电路三部分内容；控制类基础课程通常开设有控制理论基础课，中方称为自动控制原理，俄方称为自动调节理论，印度理工学院瓦拉纳西分校设置控制工程，部分高校则没有设置这一类课程。

综合以上课程内容，通用课程体系中，建议将传热学、工程热力学、流体力学合并为热工基础性课程，将材料学、机械设计等课程合并为机械类课程，将电路原理、电子学等课程合并为电工电子基础，将控制理论课程设置为自动控制原理，以上四类课程作为专业基础课程，并将控制理论基础视为专业基础选设内容。

专业基础类课程直接影响学生专业方向纵向深化学习和横向拓展，对于学生的跨方向就业、科研和发展有着直接影响，因此建议这部分的学分适当放大。

5. 专业方向课程

能源领域的专业方向非常复杂，通常包括热工机械、热力发电、低温制冷、内燃机、新能源等多个领域。专业方向课程指的是在专业基础课程的基础上，体现专业人才培养方向性的核心课程，通常热工机械包括流体机械、热机原理等课程，热力发电包括锅炉原理、汽轮机原理（涡轮机原理）、热力计算等课程，低温制冷包括制冷原理、低温原理、压缩机原理等课程，内燃机方向包括内燃机原理、发动机原理和设计等课程，新能源方向包括太阳能利用原理、风能利用原理、生物质利用原理等课程。通过对金砖国家网络大学中能源领域高校课程体系的对比研究，基本吻合这个设计方案，因此在通用课程体系中建议按照这个方案进行设计，如果合作方有特殊要求的，可以在这个架构上进行适当增加。

由于不同国家在专业方向上设置存在一定认知的差异，可以考虑将专业方向类课程全部设置为选修课，学生可以根据自己的学业规划进行独立选择。

6. 专业拓展课程

专业拓展课程是为了拓展学生的专业视野和专业拓展方向开设的。这部分课程通常分为三类：第一类是原专业方向的拓展课程，比如热力发电方向的电力生产相关课程，低温制冷方向的空调和冷链运输课程，新能源方向的气象类课程和运营类课程等，这一类课程偏重于专业学生从事专业生产运行方向；第二类是拓展到专业其他方向的课程，其他方向的专业方向核心课、概论课及拓展课均可作为这一方向的内容；第三类是为了培养学生科研创新能力的课程，如科研相关的数值计算、常用软件、文献检索与写作等。

根据金砖国家网络大学的特点，这部分内容提供了包含运行类、方向拓展类、科研拓展类三个模块，并设计跨文化交际、金砖国家能源科技概论等体现教育一体化的内容。这部分内容设置为全独立选修环节，学生可以根据自己的就业方向、科研规划等进行自主选择。

7. 专业实践环节

专业实践教学环节是学生专业理论学习的必要支撑，对提高学生动手能力、实践能力、创新能力有着很大作用。对比各个国家的环节设定，通常分为实验环节、实习环节和综合实践环节三个类别，部分高校将实验环节放在理论课程中，部分高校以毕业设计或项目设计的形式实现综合实践训练和考核。

基于以上研究，建议专业实验环节单独开设，包括热学、电学和热机三个方向，由学生进行自由选择，这样有利于学生进行专业设计和跨国教学资源共享；综合实践环节根据合作国的情况来具体设定，以专业学习内容的知识、能力、科研、设计等多个方面的训练进行支撑。

本书设计的通用课程体系如图 5-2 所示。

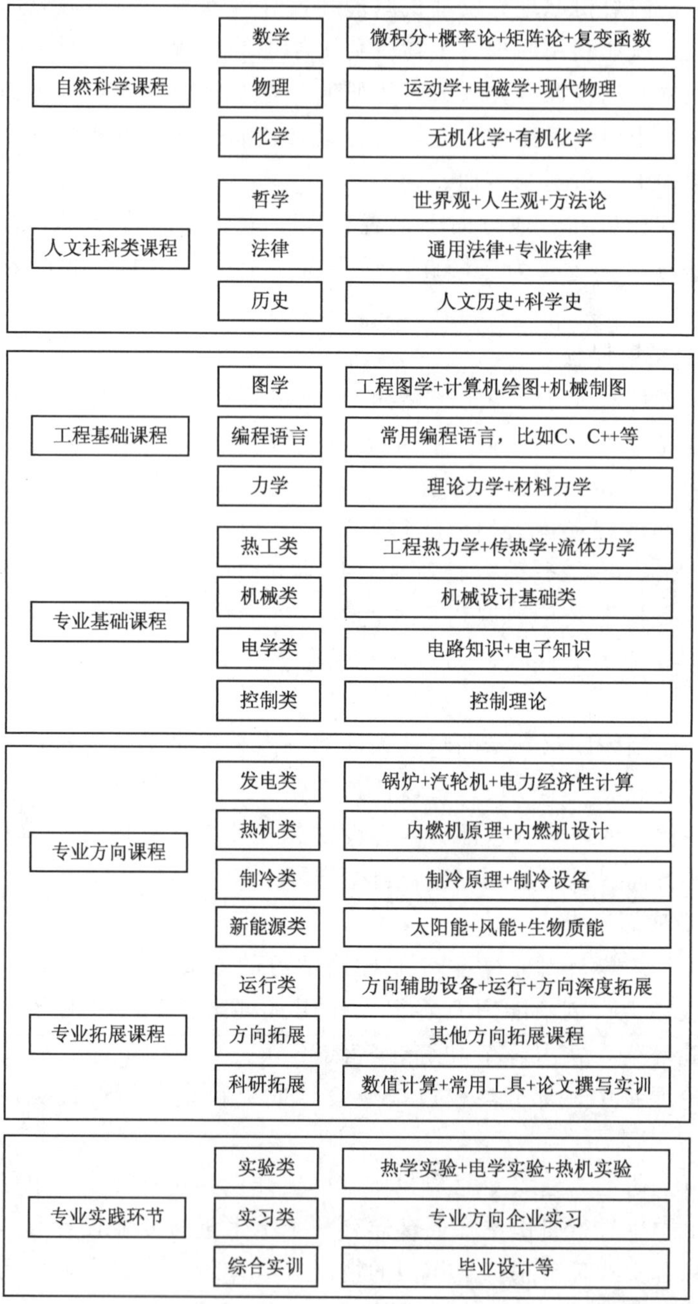

自然科学课程	数学	微积分+概率论+矩阵论+复变函数
	物理	运动学+电磁学+现代物理
	化学	无机化学+有机化学
人文社科类课程	哲学	世界观+人生观+方法论
	法律	通用法律+专业法律
	历史	人文历史+科学史

工程基础课程	图学	工程图学+计算机绘图+机械制图
	编程语言	常用编程语言，比如C、C++等
	力学	理论力学+材料力学
专业基础课程	热工类	工程热力学+传热学+流体力学
	机械类	机械设计基础类
	电学类	电路知识+电子知识
	控制类	控制理论

专业方向课程	发电类	锅炉+汽轮机+电力经济性计算
	热机类	内燃机原理+内燃机设计
	制冷类	制冷原理+制冷设备
	新能源类	太阳能+风能+生物质能
专业拓展课程	运行类	方向辅助设备+运行+方向深度拓展
	方向拓展	其他方向拓展课程
	科研拓展	数值计算+常用工具+论文撰写实训

专业实践环节	实验类	热学实验+电学实验+热机实验
	实习类	专业方向企业实习
	综合实训	毕业设计等

图 5-2　金砖国家网络大学能源领域本科人才培养通用课程体系

四、金砖国家人才培养特别条件研究

基于以上研究可知，尽管金砖国家在高等教育合作上有着共同的需要和紧迫性，但是由于不同国家的高等教育现状、体系、管理和课程体系的差异，要想推动高等教育人才培养合作，需要针对不同合作国家的具体情况设计相应的特别条件。

1. 语言

根据目前的高等教育合作情况来看，语言是关键性问题。具体到金砖国家来说，情况更加复杂。金砖五国官方语言各不相同，中国为汉语，俄罗斯为俄语，巴西为葡萄牙语，印度除 22 种联邦官方语言外以英语为行政司法用语，南非为英语。目前来看，英语作为一种通用性语言，在国际交流上规模较大；随着中国外交建设的大力推进，中文的国际影响和受众也在逐渐提高；而俄文和葡萄牙语相对而言较为小众，相应的小语种学生数量较少。因此确定跨国高等教育合作的语种差异性较大。

目前在金砖国家网络大学的 6 个国际合作小组中，使用英语为沟通语言较多，在进行线下国际会议和线上网络会议时通常使用英语作为语言交流工具，同时英语还是目前国际常用的科研交流语言，因此在金砖国家进行高等教育合作时，可将英语作为首选交流语言进行培养，同时在师资中优先选择英语水平较高的人才参与其中。但是需要注意的是，英语教育的设定仅仅为推动金砖国家高等教育合作的基础，随着金砖国家能源领域高等教育、工程技术和科学研究的进一步合作发展，中文、俄文、葡萄牙语的教育和人才培养需要进一步加强，金砖国家内部的科学研究结果的认定和层次需要加以保障和加强。

2. 哲学课程与思政课程

哲学课程是高等教育的重要基础，在培养学生的人生观、世界观和方法论上有着重要意义，对于培养学生的创新能力和跨国交际能力至关重要。但是金砖五国在这类课程的内容设置上存在较大差异。中国历来重视哲学教育，通常以思政课的形式进行展开，始终坚持马克思主义的指导地位毫不动摇，以社会主义核心价值体系引领各类思潮，理论基础十分坚固；俄罗斯自苏联解体以来，各种思潮泛滥，因此在哲学课程的设置上内容宽泛，既包括俄罗斯新思想，又包括西方自由主义、实用主义、政治激进主义等多种思潮；印度受西方自由主义思想和传统宗教势力影响，在哲学设置上同时有西方哲学思想和本国宗教思想等内容；巴西和南非的哲学内容也存在同印度一样的问题。

爱国主义教育在金砖五国中都普遍存在。目前来看，将爱国主义教育融入课程中是一个行之有效的措施，中国目前推广的课程思政改革的目的就在于此。对于金砖五国的高等教育合作而言，设置一个能够达成共识的哲学课程范围，并且设置融入爱国主义的跨文化交际素质类课程较为合适。

3. 学分互认和学位授予

目前金砖五国在大力推进学分互认工作，但是限于复杂程度和高校的差异程度，建议以校级学分互认为抓手。金砖五国在高等教育学位授予上存在不同要求，部分国家只要求修够相应的必修学分和总学分（印度、巴西等），部分国家则要求通过必要的强制环节（俄罗斯要求最低通过国家考试），部分国家则要求在本国高等院校修够部分学分或时长。因此，在金砖国家高等教育联合培养上，必须充分考虑到学位授予和学分互认的问题，合作高校首先就学分互认达成共识，并进而就学位授予条件达成一致，以保证人才培养质量和学生权益。

第六章 金砖国家水工程 与能源领域本科人才培养 模式的构建

金砖国家网络大学（BRICS NU）成立于 2015 年，其目的在于推进金砖国家高等教育合作。NU 成立之初就建立了包括水工程、能源、环境等在内的 6 个国际合作组织。但是成立 5 年以来，金砖国家网络大学在高等教育上的合作并没有达到预期目标。这种情况一方面是国际政治经济形势的影响造成的；另一方面则是由于金砖国家在国际教育领域合作的不成熟造成的。

金砖国家成立于 2009 年。金色十年之后，五国在经济、政治等多个领域取得了不斐成就，对金砖五国的经济发展和国际地位产生了深远影响，形成了一系列成熟的经济和政治合作模式。与此对应，金砖国家在教育领域的合作开始较晚，合作模式尚不成熟。受限于国际经济政治形势以及新冠疫情的影响，直接导致了金砖国家教育合作滞后于政治经济合作，使得金砖国家网络大学和金砖国家大学联盟两个平台没有产生相应效益。

目前来看，制约金砖国家教育合作的关键在于模式的不成熟，使得金砖五国教育合作存在一定混乱状态。研究成果表明，金砖五国间的本科人才培养模式差异很大，要想促进教育深度合作，促进教育纵深发展，必须承认差异、打通界限，通过推进人才培养合作加强国际交流，互通有无，强强合作，以实现金砖国家的教育领域发展。

基于前面的研究成果，对金砖国家的教育合作现状进行了研究，对制约高等教育合作的因素进行了分析，对金砖国家教育合作的模式进行了研究和实践，为金砖国家乃至其他国家之间的高等教育合作提供了有益参考。与此同时，通过构建跨国教育合作机构的方式进行了本科人才培养模式的实践探索，通过近三年的教学实践，构建了符合中国和俄罗斯教育国情的水工程和能源领域本科人才培养模式，为金砖国家通用本科人才培养模式提供了实践依据。

一、金砖国家教育合作现状

（一）中俄高等教育合作

在金砖国家内部，中俄作为传统优化合作的国家，在高等教育上的合作发展由来已久。特别是在俄罗斯全面推进教育改革以来，其高等教育国际化进程日益快速，中俄合作日益密切，合作项目、合作机构日益增加，合作方式灵活多样，对两国高等教育产生了良好效应。

不管是作为金砖国家的重要地位，还是作为"一带一路"倡议的重要组成部分，中国与俄罗斯的战略合作地位非常重要。两个国家之间的教育合作由来已久，早在 1995 年，两国就签订《中华人民共和国政府与俄罗斯联邦政府关于相互承认学历、学位证书的协议》，为两国高等教育合作与交流铺平了道路；同年，中俄合作举办了第一个中外合作办学项目，即中国东北农业大学与俄罗斯太平洋国立大学合作举办国际经济与贸易专业本科项目。2014 年，中俄签署了《中国教育部和俄罗斯教育科学部关于支持组建中俄同类高校联盟的谅解备忘录》，正式拉开了双方政府引导两国高校合作的序幕。2015 年共同发表了《丝绸之路经济带建设和欧亚经济联盟建设对接合作的联合声明》（简称《联合声明》），为两国进一步合作进行了规划。中俄双方早在 2000 年就已经开始了人文方面交流，成立了中俄教文卫体合作委员会（2007 年更名为中俄人文合作委员会），并于 2017 年成立了由中方 40 多所高校。俄方 20 多所高校组成的"中俄综合性大学联盟"。

截至目前，中俄高等教育合作主要采取互派留学生、合作办学和科技创新等方式展开，至于 ITG－Energy 中大力推进的研究生联合培养和课程交换等方式还没有成熟。

（1）互派留学生的合作方式主要是在近十年内得到大力推广的（建国初期的人才交流不考虑在内，当时只有我国学者去俄方学习，没有俄方学者来中国学习），人才数量日益增长。俄方来华留学生人数十年来增长 2.6 倍，即从 2006 年的 5032 人增长到 2016 年的 17971 人；中国赴俄罗斯留学人数在 2016 年达 2.5 万人，约占在俄全日制留学生人数的 11%，我国是俄罗斯在校留学生的第二大生源国。在留学生所学专业上看，语言类、经管类等文科专业占 70% 以上，理工科专业不足 20%。由此可见，在工程高等教育的留学生交流上任重道远。

（2）中俄间的合作办学迄今已有近 20 年的合作历史，俄罗斯成为继英国、美国、澳大利亚之后中外合作办学的第四大合作国。根据教育部教育涉外监管信息网发布的信息统计显示，截至 2019 年，中国境内的不具有法人资格的中俄合作办学机构 9 个，开展中外合作办学项目 132 项，中俄本科合作项目占全国本科中外合作办学项目总数的 10% 左右。目前合作办学的层次主要集中在本科阶段。中俄合作办学的专业领域以理工类为主，按照地域划分，黑龙江的中俄合作办学最多，项目有 85 个，机构有 1 个，排名第二的是吉林，有合作项目 12 个。但是中俄合作办学的蓬勃发展遮掩不住日益凸显的问题，经过教育部的评估，目前合作办学的 132 个项目中，已有 50 余项处于停办和退出状态，其中黑龙江停办的项目达 42 个之多。目前合作办学中出现的问题包括违规办学、偏重利益、师资队伍水平不足等。有些俄方高校开展的合作办学呈现"连锁店""批处理"等现象，如俄罗斯布拉戈维申斯克国立师范大学与 5 所中方学校开办 11 个项目，俄罗斯太平洋国立大学与 2 所中方学校开办 6 个项目，难以实现合作办学引进优势资源的目的。

（3）科技合作是中俄高等教育合作的重要方面，能够实现科技创新和人才培养的目的，主要通过联合成立科技攻关小组和人才互访的形式实现。2015 年至今，哈尔滨工业大学已与圣彼得堡国立大学建立了 4 个联合研究中心，2016 年北京交通大学与莫斯科国立交通大学和圣彼得堡国立交通大学共建"中俄高铁研究中心"，哈尔滨医科大学与圣彼得堡国立大学建立"中俄生物医学联合研究中心"。

（二）中国与印巴南三国之间高等教育合作研究

与中俄双方的教育合作相比较，中国与印度、南非和巴西三国之间在教育上的项目合作非常少，在高等教育上的合作极少，能源领域的高等教育合作则近乎没有。根据教育部教育涉外监管信息网发布的信息统计显示，截至 2019 年，与南非合作办学项目 1 个，且已停办，与巴西没有合作办学项目，与印度有 4 个合作办学项目，方向覆盖有软件技术、生物技术、动画和体育。根据教育部国际司（港澳台办）所做的统计数字，在 2014 年来华留学的学生中，俄罗斯有 17202 人，印度有 13578 人，而南非和巴西近乎没有。下面首先研究三个国家与中国的高等教育合作，最后给出 ITG - Energy 中开展合作的研究和展望。

1. 印度

由于地理与历史原因，中印两国早在 20 世纪 50 年代就开始了高等教育的交流与合作。在近 60 年的合作过程中，共建立了"中印教育与科技联盟"

"中印大学校长论坛"等交流平台以及中国-南亚教育分论坛、金砖国家大学校长论坛、新加坡-中国-印度高等教育对话论坛等交流论坛，双方有关高等教育合作交流、教育项目交流和科学研究交流建立了一系列的机制。

在教学合作方面，双方建立了广东工业大学与印度韦洛尔理工大学合作举办的动画本科教育项目，黄淮学院与印度迈索尔大学合作举办的软件工程专业本科教育项目，湖北师范学院与印度拉夫里科技大学合作举办的生物技术专业本科教育项目，云南民族大学与印度辨喜瑜伽大学合作举办的传统体育学专业（瑜伽）硕士研究生教育项目等 4 个合作办学项目，合作领域主要覆盖软件技术、软件科技（印度优势专业）、生物科技和体育等专业。但是相对比中俄之间的合作，中印在联合办学方面取得的成果相对较少，且在工程教育领域相对缺乏。中国在印度设置的联合办学机构主要是孔子学院，目前中国在印度已有三所孔子学院，分别是韦洛尔科技大学孔子学院、孟买大学孔子学院、尼赫鲁大学孔子学院（未挂牌），印度中等教育委员会（CB-SE）自 2012 年 4 月起将汉语列入必修课程。

在互派留学生方面，以印度来我国的留学生居多。2014 年有 13578 人，为我国留学生生源国第六，至 2016 年人数增长到 18717 人，增长迅猛。但是与之对应，我国去印度留学的学生人数较少，约为数千人。

科学技术领域合作是高等教育合作的重要一环，1989—2013 年，中印先后举行了六次联合委员会会议，推动科研领域合作。之后在 2016 年签署了《中华人民共和国国家发展和改革委员会与印度共和国国家转型委员会关于开展产能合作的原则声明》《中华人民共和国国家发展和改革委员会与印度共和国电子信息部关于"互联网＋"合作的行动计划》及本次对话会议纪要等一系列文件，为双方的科研合作打下来基础，但是实际的科研项目合作有待推进。

尽管双方在高等教育上的合作数量较多，但是层次较低，且相关高校的层次也较低，科研合作缺少具体推动。进一步的高等教育合作，需要政府部门牵头，制定相应政策，协商相应合作项目，使得双方优势高校和优势专业、学科展开具体合作。

2. 巴西

巴西是最早与我国建立战略性合作关系的国家之一，与我国在经济和政治上有深入的合作。1993 年中巴建立战略伙伴关系。21 世纪以后，中巴外交关系在 2012 升级成全面战略伙伴关系。巴西凭借其高效的可再生能源技术，近年来成为中国能源领域的重要合作伙伴。

双方的科研合作主要围绕生物能源和可再生能源展开。2009年中国和巴西在北京签署了关于进一步加强中巴战略伙伴关系的联合公报，中国和巴西愿意在生物能源和其他可再生能源方面共同努力，表示双方同意将生物能源和生物燃料、纳米技术和农业科学作为加强双边合作、技术转让和联合项目的优先领域，该公告在2012年被重新声明。中巴双方在科研合作方面于2009年成立中国-巴西气候变化与能源技术创新中心，2012年建立中巴生物技术中心，2016年和2017年双方的重要协会组织，包括中国可再生能源学会（CRES）联合巴西中资企业协会、巴西科技部半导体技术研发中心（CTI）、巴西分布式电力协会（ABGD）、坎皮纳斯州立大学物理学院（IF-GW）等举办了两届巴西-中国太阳能新能源产业发展高峰论坛。

尽管双方在能源领域的科研上合作颇多，但在人才培养和高等教育方面的合作存在不足，需要双方政府进行推动。

3. 南非

南非作为最后一个加入到金砖国家体系的国家，与中国之间的合作颇多，取得了不斐的成果。中国已连续9年成为南非最大的贸易伙伴，而南非则连续8年成为中国在非洲的最大贸易伙伴。截至2017年底，中国对南各类投资累计超过250亿美元，在南非投资经营的各类企业逾1.3万家。南非也是中国在非洲开设孔子学院的国家。双方在汽车制造、金融经济等领域展开了数量较多的合作。

与经济层次的合作相对比，中国与南非在教育和科研领域的合作非常少。双方联合创办的教学合作项目只有哈尔滨师范大学与南非中兰德大学合作举办英语专业本科教育项目1项，且已被教育部停办。由此可见，双方的合作还有很多工作要做。

（三）金砖国家网络大学中中印巴南四国合作研究

通过上面的研究结果可以发现，目前中国与印巴南三国之间能源领域的合作数量和质量都存在很大不足之处，优势互补的合作目标远远没有达到。对比中俄之间的高等教育合作，四个国家之间在本科培养方案优化、联合办学、研究生联合培养和联合科技攻关等多个方面展开合作。鉴于当前的合作现状，需要在以下几个方面进行推动。

1. 政府部门推动

目前中国与三国之间的合作行动，包括联合办学和科研合作，普遍档次不高，缺乏政府部门制定详细可行的行动方案和支撑政策。目前中印、中巴之间在政府层次制定了一些政策和联合声明，但是普遍缺乏具体推动方案和详细的行动路线。比如中巴之间在生物燃料之间的合作早在2009年就已经开设展开，但是普遍限于技术转让等方面的制约，关于联合科技攻关并没有实质展开。在2018年金砖国家网络大学年会的预备会议时，与会学校对政府相关政策和财政支撑缺失的意见最大，普遍认为这是当前阻碍具体合作的主要问题。双方政府需要在学生交流、教师交流、学分互认等多个方面制定详细可行的规则，需要针对优势科研合作方面设置有倾向性的支持政策，并同时制定诸如留学基金、教师联合培养基金和设置专门的关键性科研合作项目，制定金砖国家网络大学的时间表和路线图，推动弹性化合作进程，充分发挥金砖五国各自的优势，实现优势互补。

2. 联合办学

尽管印度、巴西、南非三个国家在能源领域高等教育方面发展不均衡，但是各自都有优势领域，比如印度在煤炭利用方面、巴西在生物燃料方面、南非在煤制油技术方面都存在各自的拳头方向。因此四国之间的合作首先需要对各自的人才培养方案和课程体系进行详细梳理，确定各自的优势和缺失，对本国能源领域高等教育进行相关改进。同时结合各个国家的优势专业和优势课程，联合申报办学项目。办学参与高校应该首选金砖国家网络大学中的优势高校展开。

3. 研究生联合培养

目前金砖国家网络大学关于研究生联合培养工作全面展开，俄方四个学校提供了五个合作方向。但是研究生的联合培养需要考虑经费和时间问题，导致目前开展进度落后，亟待各国政府进行推动。在设置联合培养方向时，应该首选各国优势领域进行申报，质量由政府出台相关政策进行管理。

4. 科研合作

科研合作是高等教育合作的重要部分，也是金砖国家网络大学比较容易展开合作的方面。目前中国的核能利用、煤炭利用和清洁能源利用技术，俄罗斯的煤炭利用技术和核能利用技术，印度的煤炭利用技术，巴西的生物燃料技术和水电技术，南非的煤制油技术应该作为首选列入合作目录。具体推动需要各国政府就相关制度进行宏观设计，并制定相应的可操作的规则和路线。

二、金砖国家教育合作模式研究

基于以上合作经验可以看出，合作办学、联合培养、科研合作是国际上较为流行的教育合作模式，但是联合培养和科研合作主要是面向研究生层次，本科生的人才培养应以合作办学为主。对于金砖国家本科生培养而言，还可以增加师生交流、资源共享等多种模式，同时学分互认工作也必不可少。

（一）合作办学

根据中国教育部《中外合作办学条例》和《中外合作办学条例实施办法》的有关规定，中外合作办学是指中国教育机构与外国教育机构依法在中国境内合作举办以中国公民为主要招生对象的教育教学活动。中外合作办学有合作设立机构和合作举办项目两种形式。

"中外合作办学机构"是指经教育部批准的外国高校同中国高校在中国境内合作举办的以中国公民为主要招生对象的教育机构。

"中外合作办学项目"是指中外合作办学者不设立专门的教育机构，而是直接在某个大学的某一学科或某个专业直接开展合作。

根据金砖国家网络大学设定原则，要想推动高等教育合作，进行合作办学是最直接有效，且能够最为全面进行互动的一种方式。通过这种方式，可以实现师资、学生、教学资源、科研合作的全面交流和合作。目前来说，上海纽约大学、西交利物浦大学、昆山杜克大学等合作办学结构的成功均展示了这种合作模式的优势所在。

中国华北水利水电大学与俄罗斯乌拉尔联邦大学基于金砖国家网络大学平台，于 2018 年正式成立了首个中外办学机构——华北水利水电大学乌拉尔学院，该学院下辖能源与动力工程、给排水、建筑、测绘、土木工程等五个专业，为金砖国家高等教育合作办学进行了有益尝试。该机构目前在校生 1000 多人，部分学生受教育部留学基金委资助赴俄攻读。

乌拉尔学院采取"4＋0"的形式进行，不以赴俄攻读为获得双方学位的必要条件。对于部分有意赴俄学习的学生来说，合作模式可以改为"2＋2"形式。在中国进行学习的学生，部分课程由俄方选派教师进行教学。

乌拉尔学院的人才培养方案兼顾中方教育传统和俄方教育要求，以优势教学资源合作为基础，以培养国际化人才为特色。课程体系注意引进俄方优势课程和特色课程，加强了化学、物理化学等自然科学课程，增设能源领域法律、生产安全管理等部分内容，开设了中俄文化、跨文化交际等课程，达到了强强联合、凸显特色的目的。

随着乌拉尔学院建设的推进，也逐渐显现出一些亟待解决的问题，这些问题也是今后金砖国家网络大学继续推进合作办学所必须解决的。

1. 语言问题

中国学生第一外语为英语，与俄方语言不相同，这导致了中俄联合办学过程中的语言交流障碍，这也是近些年来教育部对中俄联合办学项目和机构进行评估的首要问题。根据目前合作办学条件，如果想要获得俄罗斯学位，必须通过该国国家考试，在联合办学过程中，俄方派来的教师使用的教学语言为俄语，势必要求合作办学结构中开设大量的俄语语言课程，学生通常要从零开始，要求尽快掌握俄语的听说读写能力，对学校、教师和学生都提出了很大挑战。

目前来看，金砖国家网络大学合作办学过程中，语言问题是一个非常严重的问题，俄罗斯需要俄语沟通，巴西需要葡萄牙语交流，印度、南非可以用英语合作。由此可见，金砖国家高等教育合作办学过程中，必须首先探讨如何解决语言沟通的问题。根据目前国际形势，为了保证合作办学的教学质量，可以考虑将英语作为初步沟通语言，同时探索俄语、葡萄牙语的本科教学工作，并且同步推进外方教师中文培训和交流，加强金砖国家内部的语言、文化等方面的交流、互认和合作。

2. 外方专业教师交流问题

根据中国教育部中外办学要求，合作办学以引进国外大学优势教学资源为主。因此，《教育部关于当前中外合作办学若干问题的意见》（教外综〔2006〕5号）规定，中外合作办学机构中"引进的外方课程和专业核心课程应当占中外合作办学项目全部课程和核心课程的三分之一以上，外国教育机构教师担负的专业核心课程的门数和教学时数应当占中外合作办学项目全部课程和全部教学时数的三分之一以上"。因此在乌拉尔学院的办学过程中，势必要求乌拉尔联邦大学的教师承担大量专业课程的讲授任务。这样就对俄国教师在办学机构中停留的时间提出了考验。如果按照我国一门课程讲授13周（工程热力学）的状态，需要俄国教师在我国停留4个月的时间，这对教师的时间安排势必是一种挑战。

这一问题在其他中外办学机构中同样存在。部分办学机构通常采用引进课程集中学习的方式进行安排，如将13周《工程热力学》集中到1个月内进行，这样可以压缩教师在国内的停留时间，但是学习效果存在问题。在新冠肺炎疫情期间，乌拉尔学院开始尝试网络教学的方式来实现课程资源引进，但是学习效果仍然需要进一步提高。

综上所述，金砖国家网络大学可以将合作办学视为最佳选项，在条件运行时首先选择合作办学为高等教育合作的方式。但是在办学项目和办学机构建设过程中需要对语言和课程安排进行合理优化。

（二）师生交流

金砖国家网络大学为金砖国家内部的师资交流和学生交流提供了便利，为优势教学资源的共享和教师水平的提高提供了有利条件。网络大学下面的六个国际交流小组的年度合作路线图上对于师生交流均进行了不同层次的规划。中国华北水利水电大学的部分专业教师于2019年赴俄进行了教学交流和培训，加强了双方的交流和认知；部分学生参加了国外的夏令营和冬令营等短期交流，对培养学生国际视野和跨文化交流提供了支撑。

经过多个项目的对比研究，金砖国家网络大学在师生交流上可以通过以下四种形式进行，并分别达到不同的合作效果。

1. 教师培训与交流

师资水平是提高教学质量的首要保证，因此网络大学平台中可以采取教学技能培训、跨国交流、网络培训等多种形式进行本科师资的培训和提高，培训内容以专业教学内容、教学技巧、考核方式、考核内容等为主。

借助师资培训和交流可以有效强化金砖国家网络大学内部的教师交流，对不同国家之间的本科教学水平达到高度互认。借助这一方式，可以实现跨国师资水平互认，进一步实现优势教学师资的交流，并进一步实现在合作办学项目和结构中的教学质量提高。

2. 科研合作

借助金砖国家网络大学平台，高校教师还可以推进不同层次的科研合作，以提高教师的科研能力、创新能力及国际合作能力。目前在水工程领域和能源领域的科研合作已经逐步开展，就水资源调度、农业用水管理、给排水管理、海水净化技术、太阳能利用技术、污染物治理技术、煤炭制油技术、生物质燃料技术等不同方向开展了不同层次的科研合作，但是仍然存在层次和规模较低的问题，不利于科研合作进一步提升。

借助金砖国家网络大学平台，金砖国家需要在政府层面推动资金、项目和管理的政策性建设，以保证各国可以实现优势科技资源的互动和交流，保证师资科研水平的稳步提升。

3. 学生短期交流

学生交流是高等教育人才培养国际化的重要形式。但是限于资金、政策等原因，致使本科层次的交流存在很大困难。根据目前国际高等教育合作经验，学生短期交流通常采取夏令营、冬令营、跨国科技比赛等形式。夏令营和冬令营曾经限于青少年，近些年来经常出现在国内外高校之间的学生交流中。西安交通大学、清华大学、中国科学院等会定期组织相应的活动，对于有意攻读相应学校研究生的本科生而言，这种活动有利于加强学生对于对应高校的认知。

在国际学生交流中，夏令营和冬令营也是一种成熟的形式，西安交通大学组织的丝绸之路大学联盟夏令营、大连外国语大学的 2020 年全国大学生线上夏令营、乌拉尔联邦大学夏令营等。通常夏令营和冬令营设定为 4 周到 8 周，以国际交流为主题进行。金砖国家地理分布使得内部组织的夏令营和冬令营非常便利，对于强化高等教育合作非常有利。

跨国科技比赛也是学生短期交流的一种常见形式，近些年来一带一路暨金砖国家技能发展与技术创新大赛中的机器人设计、人工智能训练与应用、德国柏林国际数字化人才创新项目、美国数学建模竞赛等国际化赛事均为常见的国际科技比赛。但是限于资金资助和国际交流，金砖国家内的赛事尚少，规模、覆盖范围和影响力还有限。因此金砖国家可以基于网络大学平台推进金砖国家内部科技赛事，以强化人才交流和高等教育合作。

4. 跨国教学合作

自 2015 年金砖国家网络大学成立以来，六个国际化合作小组分别推出了各自的跨国教学合作项目，比如毕业设计联合指导、实践环节联合指导等形式。但是限于资金和政策，目前这些项目很少顺利实施，没有达到应用效果。长远来看，跨国教学环节合作指导不失为一种有效的合作模式。

（三）资源共享

金砖五国在教育资源上各有特点，师资水平、实验设备、教学环节各有不同，因此资源共享是金砖国家高等教育合作的首要选项。但是受限于地理分布、资金资助、政策管理等原因，使得教学资源实体共享难以实现。基于这一情况，教育资源网络共享是一种便捷有利的合作方式，金砖国家可以在课程共享、实验共享上加强建设。

1. 课程共享

课程共享指的是不同高校推出自己最有特色和优势的课程进行共享，课程学分在高校之间进行互认，课程可以采取在线、慕课、微课等多种形式实现共享。金砖国家能源国际小组对这种合作形式已经进行了推进，俄罗斯 MPEI、MISIS、PFUR 三个高校推出了 4 门课程，中国华北水利水电大学、河海大学各推出了 2 门课程，南非西北大学推出了 1 门课程。但是无论数量、水平和共享程度，这些课程还远远不够。目前中国在大力推进在线课程的建设、推进国内高校课程共享上成绩斐然。金砖国家的课程合作也可以借助中国在线课程的平台进行推进，以实现有效的课程共享。

2. 实验共享

金砖国家高校实验设备建设非常不均衡，部分高校实验设备数量缺乏、质量落后，有些高校则设备冗余、使用率较低。对于这种情况，推进实验共享是非常有必要的。但是受限于地理因素，实体实验共享的推进存在困难。自2017年起，中国教育部全面推进了"双万"计划，其中涉及实验环节的主要是虚拟仿真实验教学项目的建设、认定和共享，其中VR技术使得跨国实验共享成为可能。因此，金砖国家内部的实验设备共享可以通过虚拟仿真的方法进行建设和实施，对于实体实验则可以借助互联网实现远程操控和实验成果共享。

（四）学分互认

学分互认指的是学生学习其他院校的相关课程，所得学分可以转换为本校学分，同时本校学分也为其他院校所承认的一种形式，目前常见于相邻学校间或"大学城"内开展合作，以实现资源优势互补。

目前在国际比较成熟的方式是学位互认。《华盛顿协议》《悉尼协议》和《都柏林协议》是目前国际上公认的三种学位互认协议。2016年中国加入《华盛顿协议》之后全面推进工程教育认证，其目的就是推进本科工程人才培养的国际化认可度。目前中国已经与包括俄罗斯、印度在内的多个国家签订了学位互认协议。

由于学校、地区及国别差异，相对于学位互认来说，学分互认过程更加烦琐，是一个庞大的系统工程。要想推动不同国家之间的学分互认是非常困难的事情。借助中欧工程教育平台、中外合作办学和校际交流，目前已经在校际之间得到了推广。对于金砖国家来说，由于高等教育情况的差异，全面推进学分互认非常困难，但是可以借助金砖国家网络大学平台尝试在不同领域合作高校之间进行建设，以推进教育资源共享和高等教育合作。

三、金砖国家教育合作实践

2015年，金砖国家意识到教育合作工作的重要性，于当年12月成立了金砖国家网络大学和金砖国家大学联盟两个合作组织。在金砖国家网络大学中，乌拉尔联邦大学为牵头单位，华北水利水电大学为中方水工程和能源领域牵头单位。为了深化金砖国家教育合作，乌拉尔联邦大学和华北水利水电大学于 2016 年开始探索联合办学机构的建立，并于同年开始申请。2018 年 1 月 10 日，中华人民共和国教育部批准两校联合创办华北水利水电大学乌拉尔学院，并于 2018 年 5 月 8 日正式成立，2018 年 9 月第一批学生入校。乌拉尔学院是金砖国家网络大学组织框架下第一个合作办学实体，是落实《金砖国家领导人厦门宣言》的重要成果，也是响应教育部《"一带一路"教育行动计划》的重要举措，得到中俄两国教育部门高度重视。

（一）专业设置

乌拉尔学院创建以来，综合华北水利水电大学和乌拉尔联邦大学各自的专业特色和优势，设置有五个专业，其中水工程领域覆盖有土木工程和给排水科学与工程专业，能源领域覆盖有能源与动力工程专业，同时为两个领域提供了共同的建筑学和测绘专业。其中土木工程专业自 2016 年开始招生，每年招生 120 人；其他四个专业每年招生 60 人。目前学院在校生 960 人左右，土木工程专业已有一届毕业生。乌拉尔学院水工程与能源领域专业设置见图 6-1。

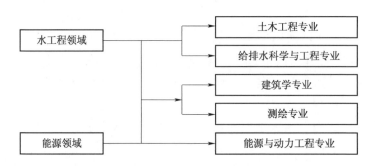

图 6-1　乌拉尔学院水工程与能源领域专业设置

（二）人才培养目标

乌拉尔学院的创建，是金砖国家教育合作的重要实践探索，其目的在于培养传承坚守中华文明优秀品质，吸纳消化俄罗斯文化优质元素，具有良好外语水平，系统掌握专业理论和技能，熟悉国际工程行业规范，具有团队协作力、革新创造力和科技研发力，能够从事管理、设计、施工、运行、教学及研究等工作的专业工程技术人才。

（三）专业建设

自学院建立以来，乌拉尔学院一直在进行专业建设的探索和实践，力求做到突出中方特色，引进俄方优势资源。学院的课程体系分为"理论＋外语＋应用技能"三大课程模块，既强调打好专业基础，也注重培养实践技能，更注重培养语言能力和人文素养。

人才培养方案以中方为主，凸显中俄合作特色，核心课程引进俄方优势资源。兼顾俄方人才培养要求，将"生产活动安全""化学"等课程引进课程体系；凸显专业特色，强化电力企业运营类课程。

（四）人才培养模式改革与实践

由于中俄在人才培养上的重大差异，自学院建立以来，乌拉尔学院致力于人才培养模式的探索和实践，目前人才培养模式日益成熟。

目前乌拉尔学院人才培养模式凸显合作教学特色，加强语言类课程教学，强化学生跨文化交际能力。

（1）"4＋0"模式和"2＋2"模式并存，推进差异性教学，凸显学生中心地位。学生可以根据自身情况选择是否赴俄学习，选择是否赴俄攻读硕士研究生学位。

（2）加强师资队伍建设，构建高水平中方师资和俄方师资团队，保证人才培养质量。师资团队由华水、乌大现有师资和面向全球招聘教师构成，受聘教师均要求具有博士（或俄罗斯副博士）学位，保证跨国人才培养要求。

（3）保证核心课程俄方教师讲授比例，使得学生在教学过程中能够实现足够的跨国交流。

（4）通过对俄方师资、课程体系、教材、数字资源、教学方法、管理理念的全方位引进、融合和吸收，实现强强联合和优化创新。

（五）人才培养现状

自 2018 年首批招生以来，学院在语言教学、课程优化、中外合作教学、师生中外交流等多个方面进行了实践和突破。

（1）中俄教育合作中，语言教学困难环节和关键环节。基于学生的零俄语基础，为了实现初步交流和教学，学院设置了课堂教学、课下交流小组、实践课外课堂、俄语文化等环节，提高学生的教学质量，目标 2018 级学生已经能够初步具有校外交流能力和专业学习能力。

（2）人才培养方案中的课程体系，需要随着合作实践的推进逐步优化，加强对外方教学资源的吸纳，提高自身教学水平。三年来，乌拉尔学院在水工程和能源领域对俄方所注重的生产安全等课程加强了吸纳，对俄方基础课程的部分内容进行了加强，实现了课程体系的不断优化。

（3）中外合作教学是合作办学中的关键，如何合理对接中外优质教学资源，实现强强互补，是我国推进合作办学的最终目的。乌拉尔学院一方面通过选拔博士学位或高级职称的教师组成优质教师团队，另一方面通过专业对接，使得中外师资能够互通有无，同时探索中俄共同建课、共同开课、共同指导实践环节的模式。采取这些形式，乌拉尔学院初步建立了中外合作教学模式。

（4）借助金砖国家网络大学和金砖国家大学联盟，推动中外师生交流，能够有利于强化中外师资力量，加强学生国际视野和跨文化交际能力。乌拉尔学院成立以来，共推进了 3 批共 70 名教师的中外交流，对于水工程和能源领域的专业建设和师资队伍建设起到了强化作用；在学生交流方面，共选送 4 批夏令营学生共 100 人，选派公费赴俄学生 20 人，保证了中外人才培养的质量。

附录一　水工程与水资源领域中外合作办学人才培养方案

一、给排水科学与工程专业培养方案

（一）专业名称（专业代码）、授予学位

专业名称：给排水科学与工程（081003）。

授予学位：工学学士学位。

（二）培养目标

本专业培养学生德智体美全面发展，具备扎实的自然科学与人文科学基础，具备计算机和外语应用能力，掌握给排水科学与工程专业的理论和知识，获得给排水工程师基本能力训练，能在政府部门、设计院所、市政以及环境保护等部门从事给水排水工程有关的建设与管理、工程规划、设计、施工、运营等方面的工作，基础扎实，具有实践能力和创新精神的应用型工程技术人才。毕业后经过 5 年实际工作锻炼，预期获得中级职称，能够成为单位的专业技术骨干。

（三）培养（毕业）要求

本专业学生主要学习给排水科学与工程的基本理论和基本知识，受到专业技能、工程设计等方面的基本训练，掌握专业技术领域的工程设计和运营、管理等方面的基本能力，具备解决复杂给排水工程问题与进行科学研究的初步能力。毕业生应具有扎实的专业理论基础、较强的实践能力和良好的综合素质。

毕业生应获得以下几方面的知识和能力。

（1）工程知识：能够掌握并综合运用数学、自然科学、工程基础和专业知识解决复杂给排水工程问题。

（2）问题分析：能够应用数学、物理学、化学和工程科学的基本原理，识别、表达并通过文献研究以及现场考察等手段分析复杂给排水工程问题，

以获得有效结论。

（3）设计/开发解决方案：能够综合运用专业知识，提出复杂给排水工程问题的解决方案，设计满足特定需求的系统、单元（部件）或工艺流程，并能够在设计环节中体现创新意识，考虑社会、健康、安全、法律、文化以及环境等因素。

（4）研究：能够基于科学原理并采用科学方法对复杂给排水工程问题进行研究，包括合理设计实验、规范操作实验、科学分析数据，并通过信息综合得到合理有效的结论。

（5）使用现代工具：掌握并能熟练应用现代化的信息技术工具和专业技术工具，能够针对复杂给排水工程问题，开发、选择与使用恰当的技术、资源和已掌握的工具进行分析、预测与模拟，并能够理解所使用方法和技术的局限性。

（6）工程与社会：熟悉给排水工程相关的法律法规、技术标准、规范和产业政策；熟悉工程现场的工作流程、操作规程、工程技术和方法，能够基于工程相关背景知识进行合理分析，评价专业工程实践和复杂给排水工程问题解决方案对社会、健康、安全、法律以及文化的影响，并理解应承担的责任。

（7）环境和可持续发展：能够理解和评价针对复杂工程问题的工程方案和工程实践对环境、社会可持续发展的影响。

（8）职业规范：具有人文社会科学素养和社会责任感，熟悉与专业有关的法律、法规、技术规范以及标准等，能够在工程实践中理解并遵守工程职业道德和规范，履行责任。

（9）个人和团队：理解个人和团队之间的相互关系以及两者在现代社会中的作用，能够在多学科背景下的团队中承担个体、团队成员以及负责人的角色。

（10）沟通：能够就复杂给排水工程问题与业界同行及社会公众进行有效沟通和交流，包括撰写报告和设计文稿、陈述发言、清晰表达或回应指令。并具备一定的国际视野，能够在跨文化背景下进行沟通和交流。

（11）项目管理：理解并掌握给排水工程管理原理与经济决策方法，并能在多学科环境中应用。

（12）终身学习：具有自主学习和终身学习的意识，能够不断地更新专业知识，丰富知识储备，不断提升自我，适应职业发展的要求。

（四）主干学科

力学、生物学、化学。

（五） 基础与通识课程、核心课程

高等数学、通用物理、分析化学、水处理生物学、水资源利用与保护、给水排水管网系统、建筑给水排水工程、水质工程学Ⅰ、水质工程学Ⅱ。

（六） 专业主要集中实践教学环节

（1）实习：测量实习、认识实习、生产实习、毕业实习。

（2）设计（论文）：泵与泵站课程设计、给水管网系统课程设计、排水管网系统课程设计、建筑给水排水工程课程设计、水质工程学Ⅰ课程设计、水质工程学Ⅱ课程设计、毕业设计（论文）。

（七） 毕业与学位

标准学制：4年；实行弹性学制 3～7 年。

学生在规定学习年限内，修满本方案规定的 190.5 学分（其中必修 183.5 学分，选修 7 学分），符合学校毕业要求，颁发全日制本科毕业证书；获得毕业资格的学生，达到学校学位授予标准，经校学位委员会审议，颁发工学学士学位证书。

（八） 课程体系及学分要求

一）数学与自然科学类课程（共 28.5 学分，占总学分 15.0%）

附表 1 - 1　　　　　　数学与自然科学类课程

课程类别	课程性质	课 程 名 称	学分	开课学期
公共必修课	必修	高等数学（1-2）	9	1、2
		线性代数	2.5	3
		概率统计	3	4
		通用物理（含物理实验）（1-2）	7	2、3
		无机化学	2.5	1
		有机化学	2	2
		物理化学	2.5	3
合计			28.5	

二）工程基础类、专业基础类、专业核心类课程（共 72 学分，占总学分 37.8%）

附表 1－2　　**工程基础类、专业基础类、专业核心类课程**

课程类别	课程性质	课 程 名 称	学分	开课学期
工程基础类	必修	工程图学概论（土建类）	3	1
		高级语言程序设计（C）	3	2
		结构力学	3	3
		工程测量学	2	2
		电工电子学	3	4
		土建工程基础	1.5	4
		水工程经济	2	7
专业基础类	必修	流体力学	4	4
		分析化学	3	3
		水处理生物学	3	5
		水文与水文地质学	2	4
专业核心类	必修	泵与泵站	2	5
		水资源利用与保护	2	7
		给水管网	2	5
		排水管网	2	5
		建筑给水排水工程	3	6
		水工艺设备基础	2	5
		给排水仪表工程与控制	1.5	7
		水质工程学 I	4	6
		水质工程学 II	4	7
	选修	给排水科学与工程概论	1	1
		给水排水工程 CAD	2	4
		专业俄语	1.5	5
		生态监测（1－2）	3	6、7
		生态建设	1.5	7
		工业排水和污水净化	2	6
		水工程施工	2	7
		水工程监理	1.5	5
		给排水运营	2	6
		水生化处理基础	2	7
		污水处理新技术	1.5	6
合计			72	

三）集中工程实践与毕业设计（共 35 学分，占总学分 18.4%）

附表 1 - 3 　　　　　　　　　集中工程实践与毕业设计

课程类别	课程性质	课 程 名 称	学分	开课学期
集中工程实践与毕业设计	必修	军事训练	1	1
		社会实践	1	1～4
		素质拓展	1	1～7
		创新创业训练	2	1～7
		测量实习	2	2
		认识实习	2	3
		泵与泵站课程设计	1	5
		给水排水管网系统课程设计	3	5
		建筑给水排水工程课程设计	2	6
		生产实习	2	6
		水质工程学Ⅰ课程设计	2	6
		水质工程学Ⅱ课程设计	2	7
		毕业实习	2	8
		毕业设计（论文）	12	8
	课内实验	泵与泵站实验（2）		
		水处理生物学实验（16）		
		水质工程学Ⅰ实验（16）		
		水质工程学Ⅱ实验（16）		
		分析化学实验（16）		
		流体力学实验（14）		
		结构力学实验（16）		
		无机化学实验（8）		
		有机化学实验（8）		
		物理化学实验（8）		
		电工电子学实验（8）		
		合计	35	

四）公共必修课程（共 43 学分，占总学分 22.6%）

附表 1－4 　　　　　公 共 必 修 课 程

课程类别	课程性质	课 程 名 称	学分	开课学期
公共必修课	必修	思想道德修养与法律基础	2.5	1
		中国近现代史纲要	2.5	2
		马克思主义基本原理	2.5	3
		毛泽东思想和中国特色社会主义理论体系概论	4.5	4
		形势与政策（1－4）	2	1～4
		思想政治理论课程实践	2	4
		俄语读写译（1－4）	13	1～4
		俄语视听说（1－4）	6	1～4
		俄语语法	2	1
		体育（1－4）	4	1～4
		军事理论	2	1
		合计	43	

五）人文社会科学类课程（共 12 学分，占总学分 6.3%）

附表 1－5 　　　　　人文社会科学类课程

课程类别	课程性质	课 程 名 称	学分	开课学期
人文社科类课	必修	创新创业基础（1－4）	2	1～4
		生产安全活动	3	5
公共素质类课	选修	大学生心理健康教育	2	限选
		文化与写作类课程	2	限选
		艺术教育类课程	1	限选
		公共任选课	2	
		合计	12	

二、土木工程专业培养方案

（一）专业名称（专业代码）、授予学位

专业名称（专业代码）：土木工程（081001）。

授予学位：工学学士。

（二）培养目标

本专业培养德智体美全面发展，具有国际视野，掌握土木工程学科的基本原理和基本知识，能胜任土木工程的施工、设计与管理工作，具有扎实的理论基础、宽广的专业知识，较强的实践能力、创新能力和俄语语言优势，能在有关土木工程的勘察、设计、施工、管理、教育、投资和开发、金融与保险等部门从事技术或管理工作的高素质应用型人才，较好地服务于"一带一路"工程建设。

（三）培养（毕业）要求

本专业学生主要学习土木工程材料、力学、结构、施工、经济与管理等方面的基本理论和基本知识，受到力学分析、结构设计、施工技术与工程管理、文字图纸表达等方面的基本训练，掌握在土木工程施工与管理、设计与研究等部门或岗位从事技术或管理工作的基本能力。毕业生应获得以下几方面的知识和能力。

（1）具有基本的人文社会科学基本知识。包括熟悉历史、社会学、经济学等社会科学基本知识，熟悉政治学、法学、管理学等方面的公共政策与管理的基本知识，了解心理学、文学、艺术等方面的基本知识。

（2）具有扎实的自然科学基础，包括掌握高等数学和工程数学知识，熟悉大学物理、化学、信息科学和环境科学的基本知识。

（3）掌握工具知识，包括掌握一门外国语，掌握计算机基本原理和高级编程语言的相关知识。

（4）具有扎实的专业知识，包括掌握理论力学、材料力学、结构力学、土力学等力学原理；掌握工程地质、土木工程测量、制图、试验的基本原理；掌握土木工程材料的基本性能，了解新型建筑材料的应用和发展前景；

掌握工程经济与项目管理；建设工程法规和工程概预算方面的基本原理；掌握工程结构和基础工程的基本原理；掌握土木工程施工的基本原理；了解土木工程的现代施工技术；熟悉工程软件的基本原理；熟悉土木工程防灾减灾的基本原理。

（5）了解相关领域的科学知识，包括了解建筑、规划、环境、机械、电气等相关专业的基本知识。

（6）具有应用工程科学的能力。包括能应用数学手段解决土木工程的技术问题，能应用物理学和化学的基本原理分析工程问题，具有物理、化学实验的基本技能。

（7）具有应用土木工程技术基础的能力，具有较熟练的计算、分析和实验能力；能合理选用土木工程材料；能较熟练地使用仪器进行一般工程的测绘和施工放样；能绘制工程图；能编制简单的计算机程序，具有常用工程软件的初步应用能力；具有对工程项目进行技术经济分析的基本技能，并提出合理的质量控制方法。

（8）具有较强的解决土木工程实际问题的能力。包括能对实验数据进行整理、统计和分析；能对实际工程做出合理的计算假定，确定结构计算简图，并对计算结果做出正确判断；熟悉工程建设中经常遇到的工程地质问题；能选择合理的结构体系、结构形式和计算方法，正确设计土木工程构件；能进行一般土木工程基础选型和设计；能正确表达设计成果；能合理制定一般工程项目的施工方案，具有编制施工组织设计、组织单位工程项目实施的初步能力；能分析影响施工进度的因素，并提出动态调整的初步方案；具有评价工程质量的能力；能编制工程概预算；能够分析建造过程中的各种安全隐患，提出有效防范措施。

（9）具备信息收集、沟通表达能力、人际交往的能力。能够了解本领域最新技术发展趋势，具备文献检索、选择国内外相关技术信息的能力。具有较强的专业外语阅读能力、一定的书面和口头表达能力。具有与相关专业人员良好沟通与合作的能力。有预防和处理与土木工程相关的突发事件的初步能力。

（10）具有人文、科学与工程的综合素质。有科学的世界观和正确的人生观，愿为国家富强、民族振兴服务。为人诚实、正直，具有高尚的道德品质。能体现人文和艺术方面的良好素养。具有严谨求实的科学态度和开拓进取精神。具有科学思维和辩证思维能力。具有创新意识和一定的创新能力。具备良好的职业道德和敬业精神，坚持原则，具有勇于承担技术责任的能力。具有不断学习、获取新知识和寻找解决问题的愿望，具有推广新技术的进取精神。具有良好的心理和身体素质，能乐观面对挑战和挫折。具有良好的市场、质量和安全意识。注重土木工程对社会和环境的影响，并能在工程实践中自觉维护生态文明和社会和谐。

（四）主干学科

土木工程、力学。

（五）基础与通识课程、核心课程

高等数学、大学物理、环境保护概论、普通化学、高级程序语言。

工程图学概论、土木工程概论、理论力学、土木工程材料、材料力学、结构力学、测量学、工程制图与计算机绘图。

土力学、基础工程、混凝土结构设计原理、钢结构设计原理、工程施工、工程概预算、建设工程经济。

（六）专业主要集中实践教学环节

实习包括认识实习、测量实习、工程地质实习、生产实习、毕业实习和创新创业训练等。

课程设计包括基础工程课程设计、房屋建筑学课程设计、土木工程施工课程设计、工程概预算课程设计、建筑结构设计课程设计、土木工程施工组织课程设计、工程招投标与合同管理课程设计、毕业设计（论文）等。

（七）毕业与学位

标准学制：4年；实行弹性学制，最低修业年限不少于3年。

学生在规定学习年限内，修满本方案规定的课程体系最低182学分（其中必修不低于172学分，选修不低于10学分），符合学校毕业要求，颁发全日制本科毕业证书。获得毕业资格的学生，达到学校学位授予标准，经校学位委员会审议，颁发学士学位证书。

（八）专业指导性教学计划

附表 1-6　专业指导性教学计划学分学时统计表

分类	课程或环节	学分	学时 合计	理论学时	实践学时	第1学年 1	第1学年 2	第2学年 3	第2学年 4	第3学年 5	第3学年 6	第4学年 7	第4学年 8
必修部分	通识与公共基础课和专业基础课（31门）	99	1996	1544	452	18.5	25	20	27.5	8			
必修部分	专业核心课（必修课）（18门）	38	608	570	38				2	9	17.5	9.5	
必修部分	实践性教学环节（17门）	35				1	1		3	3	3	10	14
必修部分	小计（66门）	172	2604	2114	490	19.5	26	20	32.5	20	20.5	19.5	14
选修部分	文化素质类选修课（4门）	7	112	112			1		2		2	2	
选修部分	专业方向类选修课（3门）	3	96	96								3	
选修部分	小计（7门）	10	208	208			1		2		2	5	
	总计（73门）	182	2812	2322	490	19.5	27	20	34.5	20	22.5	24.5	14

附表 1-7　专业指导性教学计划

课程分类	课程名称	考核方式	学分	学时 合计	理论学时	实践学时	第1学年 1	第1学年 2	第2学年 3	第2学年 4	第3学年 5	第3学年 6	第4学年 7	第4学年 8	备注
必修课 通识与公共基础课	思想道德修养与法律基础	考试	2.5	42	42		2.5								
	中国近现代史纲要	考试	2.5	42	42			2.5							
	马克思主义基本原理	考查	2.5	42	42				2.5						
	毛泽东思想和中国特色社会主义理论体系概论	考试	4.5	64	64					4.5					
	形势与政策（1-4）	考查	2	32	32		0.5	0.5	0.5	0.5					
	思想政治理论课实践	考查	2	32		32				2					
	思政类课程6门		16	254	222	32	3	3	3	7					
	俄语读写译（1-4）	考试	15	480	480		3	4	4	4					俄

续表

课程分类	考核方式	课程名称	学分	学时 合计	理论学时	实践学时	第1学年 1	第1学年 2	第2学年 3	第2学年 4	第3学年 5	第3学年 6	第4学年 7	第4学年 8	备注
通识与公共基础课（必修课）	考查	俄语视听说（1-3）	4	128		128	1	1	2						俄
	考试	俄语类课程2门	19	608	480	128	4	5	6	4					
	考试	高等数学A（1-2）	9	144	144		4	5							
	考查	大学物理B（1-2）	5	80	80		2	2	3						
	考查	物理实验（1-2）	2	40		40	1	1	1						
	考试	线性代数A	2.5	40	40				2.5						
	考试	实用俄语	1	32	32					1					俄
	考试	概率统计	3	48	48					3					
	考查	环境保护概论	1	16	16					1					
	考试	普通化学	2.5	40	34	6		2.5							
	考查	计算机与信息技术	1	24	8	16	1								
	考试	高级程序语言（C）	3	48	32	16		3							
		数学、物理、计算机类课程10门	30	512	434	78	5	13.5	6.5	5					
	考试	体育（1-4）	4	140		140	1	1	1	1					
	考查	军事理论	2	32	4	28	2		1						
		军体类课程2门	6	172	4	168	3		1	1					
	考查	创新创业基础（1-4）	2	32	32		0.5	0.5	0.5	0.5					
	考查	科技文献检索与写作	1	16	16		0.5	1	0.5						
		通识素质类课程2门	3	48	48		0.5	1.5	0.5	0.5					
	小计	22门	74	1594	1188	406	15.5	24	17	17.5					

续表

课程分类	考核方式	课程名称	学分	合计	理论学时	实践学时	第1学期(1)	第2学期(2)	第3学期(3)	第4学期(4)	第5学期(5)	第6学期(6)	第7学期(7)	第8学期(8)	备注
必修课 / 专业基础课	考试	工程图学概论(土建类)	3	48	48		3								俄
	考查	土木工程概论	1	16	16			1							
	考试	理论力学B	3	48	44	4			3						俄
	考试	土木工程材料	2.5	40	32	8				2.5					
	考试	材料力学B	3	48	42	6				3					
	考试	结构力学	4	64	64						4				俄
	考查	测量学	2.5	40	34	6				2.5					俄
	考查	工程制图与计算机绘图	2	32	16	16				2					
	考查	混凝土结构设计原理	4	64	60	4					4				
小计 9门			25	400	356	44	3	1	3	10	8				
通识与公共基础课和专业基础必修课合计(31门)			99	1994	1544	450	18.5	25	20	27.5	8				

附表 1－8　专业核心课(必修课)

课程分类	考核方式	课程名称	学分	合计	理论学时	实践学时	第1学期(1)	第2学期(2)	第3学期(3)	第4学期(4)	第5学期(5)	第6学期(6)	第7学期(7)	第8学期(8)	备注
必修课 / 专业课	考查	工程地质	2	32	32						2				俄
	考查	房屋建筑学	3	48	48						3				俄
	考试	土力学	2	32	26	6					2				俄
	考查	基础工程	2	32	32					2					俄
	考查	房地产开发与经营	2	32	32						2				
	考试	钢结构设计原理	2	32	32							2			

续表

课程分类	考核方式	课程名称	学分	学时 合计	学时 理论学时	学时 实践学时	第1学年 1	第1学年 2	第2学年 3	第2学年 4	第3学年 5	第3学年 6	第4学年 7	第4学年 8	备注
必修课 专业课	考查	建设工程法规	1	16	16							1			
	考查	建设工程经济	1.5	24	24							1.5			
	考查	土木工程试验	2.5	40	24	16						2.5			俄
	考查	专业俄语	2	32	32							2			俄
	考试	土木工程施工技术	4	64	64							4			俄
	考试	砌体结构	1.5	24	24							1.5			
	考查	建筑结构设计	3	48	48							3			俄
	考查	工程概预算	2	32	32								2		俄
	考查	工程项目管理	2	32	32								2		
	考查	工程招投标与合同管理	2	32	32								2		
	考查	土木工程施工组织	1.5	24	24								1.5		
	考查	BIM原理及工程应用	2	32	16	16							2		俄
		小计 18门	38	608	570	38				2	9	17.5	9.5		

选修课

课程分类	考核方式	课程名称	学分	学时 合计	学时 理论学时	学时 实践学时	第1学年 1	第1学年 2	第2学年 3	第2学年 4	第3学年 5	第3学年 6	第4学年 7	第4学年 8	备注
文化素质类	考查	文化与写作类	1	16	16			1							限选
	考查	大学生心理健康教育	2	32	32					2					限选
	考查	艺术教育类	2	32	32							2			限选
	考查	其他文化素质类选修课	2	32	32								2		
		小计 4门	7	112	112			1		2		2	2		

文化素质类选修课不少于7学分,其中艺术教育类、文化与写作类课程由人文艺术中心承担

附表 1—9

续表

课程分类	考核方式	课　程　名　称	学分	学　时			学　期、学　分								备注
				合计	理论学时	实践学时	第1学年		第2学年		第3学年		第4学年		
							1	2	3	4	5	6	7	8	
专业选修课	考查	建设工程监理	1	32	32								1		
	考查	建筑施工安全技术与管理	1	32	32								1		
	考查	高层建筑结构与抗震	1	32	32								1		
	考查	建筑结构设计软件应用	1	32	16	16							1		
	考查	建筑防火	1	32	32								1		
	考查	桥梁工程	1	32	32								1		
	考查	隧道工程	1	32	32								1		
	考查	地基处理	1	32	32								1		
	考查	地铁与轻轨	1	32	32								1		
	考查	基坑支护	1	32	32								1		
	考查	建筑给排水	1	32	32								1		
	考查	供暖与通风	1	32	32								1		
	考查	工程建设防灾减灾	1	32	32								1		
	考查	工程建设环境影响及控制	1	32	32								1		
	考查	风景园林概论	1	32	32								1		
	考查	现代预应力混凝土	1	32	32								1		
	考查	建筑结构事故分析与处理	1	32	32								1		
	考查	装配式结构技术与应用	1	32	32								1		

专业选修课少于3学分

附表 1-10   集 中 实 践 教 学 环 节

序号	名　　称	学分	周数	学期	实习地点	实习类别	备　　注
1	军事训练	1	2	1	校内	集中	武装部组织实施并考核
2	社会实践	1		1～4	校内校外		利用假期完成，不少于4周时间，完成不少于1500字调查报告，马克思主义学院组织实施并考核，第5学期记载成绩
3	素质拓展	1		1～7	校内校外		利用第二课堂学校指导学生自主实践，学院组织考核，第7学期记载成绩
4	创新创业训练	2		1～7	校内校外		利用第二课堂学校指导学生自主实践，学院组织考核，第7学期记载成绩
5	认识实习	1	1	2	校内校外	集中	
6	测量实习	2	2	4	校内	集中	
7	工程地质实习	1	1	4	校内校外	集中	
8	基础工程课程设计	1	1	5			
9	房屋建筑学课程设计	1	1	5			
10	土木工程施工技术课程设计	2	2	6			
11	工程概预算课程设计	1	1	7			
12	建筑结构设计课程设计	1	1	6			
13	土木工程施工组织课程设计	1	1	7			
14	工程招投标与合同管理课程设计	1	1	7			
15	生产实习	4	4	7			第六学期暑假
16	毕业实习	2	2	8	校内校外	集中分散	
17	毕业设计（论文）	12	14	8	校内校外	集中分散	
合计	17 门		35				

实习类别：集中实习、分散实习。
实习地点：校内实习、校外实习。
实践环节的考核方式为考查。
实践环节可顺延安排假期期间实施

三、能源与动力工程专业培养方案

（一）专业名称（专业代码）、专业方向、授予学位

专业名称：能源与动力工程专业。

专业方向：热能动力工程方向。

授予学位：工学学士。

（二）培养目标

本专业培养的人才，传承坚守中华文明优秀品质，吸纳消化俄罗斯文化优质元素，具有良好的俄语水平，系统掌握能源与动力工程专业基本理论和技能，具有团队协作力、革新创造力和科学研发力，具有终身学习和继续攻读相关专业更高学位的能力，能够在能源领域中从事设计、规划和管理方面的专业化工作。毕业生5年左右具备工程师的专业理论水平和实际工作能力，任职能源与动力工程专业的技术、管理岗位。

本专业培养目标，具体分为以下5项：

目标1：能够适应能源与动力技术的发展，融会贯通工程数理基本知识和能源与动力工程专业知识，能够对复杂工程项目提供系统性的解决方案。

目标2：能够跟踪能源领域和动力工程相关的前沿技术，具备创新能力，能运用现代工具从事本专业领域相关产品的设计、开发和生产。

目标3：具备社会责任感，理解并坚守职业道德规范，综合考虑法律、环境与可持续性发展等因素的影响，在工程实践中能坚持公众利益优先。

目标4：具备健康的身心和良好的人文素养，拥有团队协作精神、沟通表达能力和工程项目管理能力。

目标5：具有全球化意识和国际视野，能够积极主动适应不断变化的国内外形势和环境，拥有自主的、终生的学习习惯和能力。

（三）培养要求

能源与动力工程专业要求学生学习能源与动力工程专业相关的数学、物理、力学、材料、机械、热工、控制、电工电子等工程科学的基本理论和基本知识，受到现代科学与工程的基本训练，掌握能源与动力机械的基本理

论，具备从事能源、动力、节能、环保和新能源开发利用等领域设备研究开发、设计制造和应用管理的基本能力，同时接受俄语语言的强化学习和训练，能够运用俄语进行专业知识的学习和交流。

毕业生应获得以下几方面的知识和能力。

（1）工程知识：掌握工程数学、物理学、电路基础知识，能够将传热学、工程热力学、工程流体力学、机械设计基础、电工电子技术、自动控制原理、锅炉原理、汽轮机原理、热工自动控制系统、热工测量及仪表等专业基本理论和知识用于分析和解决能源动力类工程领域的复杂工程问题。

（2）分析问题：能够综合运用所掌握的知识、方法和技术，识别、表达并通过文献研究分析能源领域和动力工程相关复杂工程问题，以获得有效结论。

（3）设计/开发解决方案：能够设计针对能源领域和动力工程相关复杂工程问题的解决方案，结合工程应用的内外部因素，设计和开发满足特定需求的系统、设备或工艺流程，并能在设计环节中体现创新意识，考虑社会、健康、安全、法律、文化及环境等因素。

（4）研究能力：能够基于科学原理并采用科学方法对能源领域和动力工程相关复杂工程问题进行研究，包括设计实验、分析与解释数据并通过信息综合得到合理有效的结论。

（5）使用现代工具：能够针对能源领域和动力工程相关复杂工程问题，开发、选择与使用恰当的技术、资源、现代工程工具和信息技术工具，对复杂工程问题进行预测与模拟，并能够理解其局限性。

（6）工程素养与社会：能够基于工程相关背景知识进行合理分析，能分析和评价专业工程实践和复杂工程问题的解决方案对社会、健康、安全、法律以及文化的影响，并理解应承担的责任。

（7）环境与可持续发展：能够理解和评价针对能源领域和动力工程相关复杂工程问题的专业工程实践对环境、社会可持续发展的影响。

（8）职业规范：具备一定的政治、经济、社会文化和法律知识，社会责任感强，能够在工程实践中理解并遵守工程职业道德和规范，履行责任。

（9）个人与团队：能够在多学科背景下的团队中承担个体、团队成员以及负责人的角色。

（10）沟通与交流：能够就能源领域和动力工程相关复杂工程问题与业界同行及社会公众进行有效沟通和交流，包括撰写报告和设计文稿、陈述发言、清晰表达或回应指令，并具备一定的国际视野，能够在跨文化背景下进行沟通和交流。

（11）项目管理：理解并掌握能源领域和动力工程相关工程管理原理与经济决策方法，并能在多学科环境中应用。

（12）终身学习：具有自主学习和终身学习意识，有不断学习和适应发展的能力。

（四）主干学科

动力工程及工程热物理，机械工程。

（五）基础与通识课程、核心课程

基础与通识课程：高等数学、线性代数、俄语读写译、大学物理、马克思主义基本原理等课程。

核心课程：工程热力学、传热学、工程流体力学、电工电子技术、自动控制原理、锅炉原理、汽轮机原理、热力发电厂、热工测量与控制。

（六）主要专业实践性教学环节

金工实习、认识实习、生产实习、毕业实习、课程设计、毕业设计（论文）等。

（七）主要专业实验

工程热力学、传热学、锅炉原理、汽轮机原理、电工电子技术、热工测量与控制、发电机组运行等。

（八）毕业与学位

标准学制：4年；弹性学制3～7年。

学生在规定学习年限内，修满本方案规定的最低187.5学分（其中必修不低于152学分，选修不低于35.5学分），符合学校毕业要求，颁发全日制本科毕业证书。获得毕业资格的学生，达到学校学位授予标准，经校学位委员会审议，颁发学士学位证书。

（九）教学计划

教学计划如下。

附表 1-11　教学计划

课程分类	考核方式	课程名称	学分	合计	理论学时	实践学时	第1学年 1	第1学年 2	第2学年 3	第2学年 4	第3学年 5	第3学年 6	第4学年 7	第4学年 8
必修课 公共基础与通识课	考试	思想道德修养与法律基础	2.5	42	42		2.5							
	考试	中国近现代史纲要	2.5	42	42			2.5						
	考试	马克思主义基本原理	2.5	42	42				2.5					
	考试	毛泽东思想和中国特色社会主义理论体系概论	4.5	72	72					4.5				
	考查	思想政治理论课程实践	2	34		34		2						
	考查	形势与政策(1-4)	2	32	32		0.5	0.5	0.5	0.5				
	考试	俄语语法(1-2)	4	64	64		2	2						
	考试	俄语读写译(1-4)	11	176	176		3	2	3	3				
	考查	俄语视听说(1-4)	6	96		96	1	1	2	2				
	考试	高等数学(1-2)	9	144	144		4	5						
	考试	线性代数	3	48	48				3					
	考试	概率统计	3	48	48					3				
	考试	化学	2	32	24	8	2							
	考试	大学物理A(含物理实验)(1-2)	8	128	96	32		4	4					
	考试	物理化学	2	32	32	0		2						
	考试	体育(1-4)	4	140		140	1	1	1	1				
	考查	军事理论	2	32	8	24	2							
	考查	创新创业基础(1-4)	2	32	32		0.5	0.5	0.5	0.5				
		小计　18门	72	1236	898	338	18.5	22.5	16.5	14.5				

续表

课程分类	考核方式	课程名称	学分	学时 合计	理论学时	实践学时	第1学年 1	第1学年 2	第2学年 3	第2学年 4	第3学年 5	第3学年 6	第4学年 7	第4学年 8
专业基础课（必修课）	考试	工程图学概论（机电类）	2	32	32		2							
专业基础课（必修课）	考试	机械制图与计算机绘图	2	32	22	10		2						
专业基础课（必修课）	考试	机械设计基础	2.5	40	36	4					2.5			
专业基础课（必修课）	考查	高级语言程序	3	48	24	24		3						
专业基础课（必修课）	考查	材料学	2	32	32						2			
专业基础课（必修课）	考试	工程力学	4	64	60	4			4					
专业基础课（必修课）	考试	流体力学	4	64	48	16				4				
专业基础课（必修课）	考试	工程热力学	3.5	56	48	8			3.5					
专业基础课（必修课）	考试	传热学	4	64	58	6				4				
专业基础课（必修课）	考试	电工电子技术	3	48	40	8				3				
专业基础课（必修课）	考试	自动控制原理	3	48	44	4					3			
专业基础课（必修课）	考查	复变函数与积分变换	2.5	40	40	4			2.5					
必修课		小计　12门	35.5	568	484	84	2	5	10	11	7.5	0	0	0
必修课		专业核心课	14.5									14.5		
必修课		集中实践教学环节	30	232	206	26	1			1	4		12	12
必修课		必修课合计	152	2036	1588	448	21.5	27.5	26.5	26.5	11.5	14.5	12	12
选修课		专业类选修课	28.5	456	420	36	1.5				9.5	6	11.5	
选修课		文化素质类选修课（学校统一发布选修课）	7	112	112		4	1	2					
选修课		选修课合计	35.5	568	532	36	5.5	1	2	0	9.5	6	11.5	0
		总计	187.5	2604	2120	484	27	28.5	28.5	26.5	21	20.5	23.5	12

附表 1-12　专业核心课（必修课）

课程名称	考核方式	学分	学时			学期								备注
			合计	理论学时	实践学时	第 1 学年		第 2 学年		第 3 学年		第 4 学年		
						1	2	3	4	5	6	7	8	
锅炉原理	考试	4	64	56	8						4			
汽轮机原理	考试	4	64	58	6						4			
热力发电厂	考试	2.5	40	36	4						2.5			
热工测量与控制	考查	4	64	56	8						4			
总计　4 门		14.5	232	206	26						14.5			

附表 1-13　选修课

课程名称	考核方式	学分	学时			学期								备注
			合计	理论学时	实践学时	第 1 学年		第 2 学年		第 3 学年		第 4 学年		
						1	2	3	4	5	6	7	8	
文化素质类选修课（选修不少于 7 学分）														
大学生心理健康教育	考试	2	32	32		2								限选
艺术教育类	考查	2	32	32		2								限选
文化与写作类	考查	1	16	16			1							限选
其他素质类选修课	考查	2	32	32				2						
专业选修课（选修不少于 28.5 学分）														
生态与环境保护	考查	1	16	16						1				
专业俄语	考查	1.5	24	24							1.5			
热电厂辅助设备	考查	3	48	44	4					3				

续表

课程名称	学分	学时 合计	理论学时	实践学时	第1学年 1	第1学年 2	第2学年 3	第2学年 4	第3学年 5	第3学年 6	第4学年 7	第4学年 8	考核方式	备注
生产活动安全	1.5	24	24		1								考查	
节能原理与技术	2	32	32						1.5	2			考查	
新能源技术	2	32	32							2			考查	
污染物治理技术	2	32	30	2						2			考查	
发电机组运行	3.5	56	38	18							3.5		考查	
能源工程导论	1.5	24	24		1.5								考查	
电厂水处理技术	1.5	24	24								1.5		考查	
核电技术概论	1.5	24	24								1.5		考查	
热能企业经济与管理	1.5	24	24								1.5		考查	
电机学	2.5	40	32	8					2.5				考查	
发电厂电气设备	2	32	28	4							2		考试	
燃气轮机与联合循环	1.5	24	24								1.5		考查	
能源管理与能源规划	1.5	24	24								1.5		考查	
论文检索与论文写作	1.5	24	24								1.5		考查	

本环节学生共需修专业类选修课28.5学分;人文素质类选修课7学分;大学语文与写作、大学生心理健康教育为人文素质类选修课限选课程,其他人文素质类选修课按学校开设课程进行选修

附表 1－14　　　　　集中实践性教学环节

序号	名　称	学分	周数	学期	实习地点	实习类别	备　注
1	军事训练	1	2	1	校内	集中	武装部组织实施并考核
2	社会实践	1		5	校外		利用假期完成，不少于 4 周时间，完成不少于 1500 字调查报告，马克思主义学院组织实施并考核，第 5 学期记载成绩
3	素质拓展	1		1～7	校内校外		利用第二课堂学校指导学生自主实践，学院组织考核，第 7 学期记载成绩
4	创新创业训练	2		1～7	校内校外		利用第二课堂学校指导学生自主实践，学院组织考核，第 7 学期记载成绩
5	金工实习	2		5	校内	集中	工程训练中心组织实施并考核
6	认识实习	1	1	4	校外	集中	
7	生产实习	4	4	7	校外	集中	
8	毕业设计（论文）	12	12	8	校内校外	集中	
9	机械设计基础课程设计	1	1	5	校内	集中	课程结束后
10	锅炉原理课程设计	2	2	7	校内	集中	
11	汽轮机原理课程设计	2	2	7	校内	集中	
12	热力发电厂课程设计	1	1	7	校内	集中	
	小计：共 12 门	30					

实习类别：集中实习、分散实习。
实习地点：校内实习、校外实习。
实践环节的考核方式为考查。
本环节为必修环节，共需要修够 30 学分

四、建筑学专业培养方案

（一）专业名称（专业代码）、专业方向、授予学位

专业名称：建筑学 082801。

授予学位：建筑学学士。

（二）培养目标

本专业培养学生德智体美全面发展，能够适应我国社会经济发展需要，

具备建筑学专业基础理论、基本知识和基本设计方法，具有一定的学习能力、实践能力、创新能力和创业能力，具有开放视野和团队精神，具备从事城市与建筑领域内的规划、设计、监理、管理、教育、科研、开发、咨询等方面工作的基本素质。

（三）培养要求

培养方案参照"建筑类教学质量国家标准"（2018 年版）、"高等学校建筑学本科指导性专业规范"（2013 年版）、"全国高等学校建筑学专业教育评估指导文件"（2018 年版）及中外合作办学评估的要求，结合"俄罗斯联邦高等教育建筑学专业学士人才培养国家标准"（2016 年版）及华北水利水电大学与乌拉尔联邦大学的校情及乌拉尔学院院情制订。

毕业生应具有以下几方面的知识和能力。

（1）具备良好的职业道德素养、扎实的自然科学基础、较好的人文社会科学基础，基本掌握一门外语，具有团队协作沟通能力，具备健康的体魄、良好的心理素质。

（2）掌握与建筑类专业相关的设计表达方法，掌握工程制图的基本方法，熟悉建筑类专业艺术表现的基本技能，了解本专业的发展历史与现状。

（3）专业知识与能力。掌握建筑设计的基本原理、技能和方法，建筑构造、力学、结构的基本知识；熟悉建筑历史与理论、建筑物理、材料、设备、经济、数字技术的基本知识，熟悉城市设计、室内设计的基本原理与方法；了解建筑管理、施工的基本知识，可持续发展的基本知识；具有建筑设计和城市设计的基本能力。

（4）具有获得信息、拓展知识领域、自主学习并不断提升的能力，具有调查研究、提出问题、分析问题、解决问题并完成设计方案的能力。

（5）熟悉建筑类专业相关的方针、政策、法律、规范，了解相关专业理论前沿及发展动态，了解工程安全知识。

（6）具有创新意识、开放视野，具有一定的批判性思维和评价能力，具有初步的科学研究能力。

（7）具有国际化视野、熟悉俄罗斯语言及文化，具备俄语交流能力，能够适应"一带一路"国家战略发展要求。

（四）主干学科

建筑学。

（五）核心课程

（1）专业基础课程：建筑初步、设计基础、素描与色彩、画法几何及阴影透视等。

（2）专业核心课程：公共建筑设计原理、居住建筑设计原理、中国建筑史、外国建筑史、建筑力学、建筑设计、建筑构造、建筑物理等。

（六）主要专业实践性教学环节

城市认知实习、素描实习、色彩实习、古建筑调研与测绘实习、模型制作、建造实习、建筑师业务实习、毕业实习、毕业设计等。

（七）毕业与学位

标准学制：5年，实行弹性学制，最低修业年限不少于5年。

授予学位：建筑学学士学位。

学生在规定学习年限内，修满本方案规定的最低228.5学分，符合学校毕业要求，颁发全日制本科毕业证书。获得毕业资格的学生，达到学校学位授予标准，经校学位委员会审议，颁发学士学位证书。

（八）课程体系及学分要求

一）公共基础课程（共49学分，占总学分21.4%）

附表 1－15　　　　　　　　公　共　基　础　课　程

课程类别	课程性质	课 程 名 称	学分	开课学期
公共基础课	必修	思想道德修养与法律基础	2.5	1
		中国近现代史纲要	2.5	2
		马克思主义基本原理	2.5	3
		毛泽东思想和中国特色社会主义理论体系概论	4.5	4
		形势与政策（1－2）	2	1～4
		思想政治理论课程实践	2	4
		创新创业基础（1－4）	2	1～4
		俄语读写译（1－4）	13	1～4
		俄语视听说（1－4）	6	1～4

续表

课程类别	课程性质	课程名称	学分	开课学期
公共基础课	必修	俄汉语法	2	1
		体育（1-4）	4	1～4
		军事理论	2	1
		高等数学 C	2	1
		安全生产	2	8
		合计	49	

二）专业基础课、专业核心课、专业选修课程（共 132.5 学分，占总学分 58.0%）

附表 1-16　专业基础课、专业核心课、专业选修课程

课程类别	课程性质	课程名称	学分	开课学期
专业基础课	必修	画法几何和工程制图（1-2）	3	1～2
		素描和色彩（1-4）	4	1～4
		建筑初步	1	1
		设计基础（1）	5	1
		设计基础（2）	6	2
		测量学	2	2
		建筑构成手法	2	2
		建筑构造（1）	2	3
		建筑力学	3	3
		中国建筑史	3	4
		建筑物理（1）建筑热工学	3	4
		居住建筑设计原理	2	5
		公共建筑设计原理	2	6
		外国建筑史	3	6

续表

课程类别	课程性质	课 程 名 称	学分	开课学期
专业核心课	必修	建筑设计（1）A	4	3
		建筑设计（1）B	4	3
		建筑设计（2）A	4	4
		建筑设计（2）B	4	4
		建筑设计（3）A	4	5
		建筑设计（3）B	4	5
		建筑设计（4）A	4	6
		建筑设计（4）B	4	6
		建筑设计（5）A	4	7
		建筑设计（5）B	4	7
		建筑设计（6）A	4	8
		建筑设计（6）B	4	8
		建筑设计（7）	4	9
		建筑构造2	2	5
		建筑物理2	3	5
专业选修课	限选	建筑材料	2	5
		建筑给排水	2	5
		建筑暖通	2	6
		建筑供配电	2	6
		砌体和混凝土结构	3	6
		钢结构	3	7
		城市设计原理	2	7
		景观设计原理	2	7
		建筑保护与更新	3	7
		建筑法规	2	7
		建筑经济	2	8
		地基与基础	2	8
		建筑施工与组织	2	8
	选修（5.5学分）	专业俄语	1.5	5
		俄罗斯建筑史	1.5	5
		绿色建筑专题	2	6
		建筑数字技术	2	6
		室内设计原理	2	8
		建筑策划	2	8
合计			132.5	

三）集中工程实践与毕业设计（共 40 学分，占总学分 17.5%）

附表 1-17　　　　　　集中工程实践与毕业设计

课程类别	课程性质	课 程 名 称	学分	开课学期
集中工程实践	必修	军事训练	1	1
		社会实践	1	1～4
		素质拓展	1	1～7
		创新创业训练	2	1～7
		城市认知实习	2	2
		测量实习	1	2
		色彩实习	1	3
		素描实习	1	4
		模型制作	1	5
		古建调研与测绘实习	2	6
		快速设计	2	3～6
		建造实习	2	7
		工程训练	1	3
		建筑师业务实习	2	8
毕业设计	必修	毕业实习	8	9
		毕业设计	12	10
		合计	40	

四）人文素质课程（共 7 学分，占总学分 3.1%）

附表 1-18　　　　　人 文 素 质 课 程

课程类别	课程性质	课 程 名 称	学分	开课学期	备注
人文素质课	必修	大学生心理健康教育	2	1	限选
		写作	1	2	限选
		艺术史	2	6	限选
		公共素质类任选课	2	3	选修
		合计	7		

（九）指导计划

指导计划如下。

附表 1 – 19

指 导 计 划

课程分类 Форма Дисц.	考核方式 形式 контроля	课程名称 Дисциплины	学分 З. е.	学时 Объем работы в часах			学年、学期、学分 Курс, семестр, З. е.										备注
				合计 всего	理论学时 лекции	实践学时 практики	第1学年 1курс		第2学年 2курс		第3学年 3курс		第4学年 4курс		第5学年 5курс		
							1	2	3	4	5	6	7	8	9	10	
公共基础课 Базовий часть 必修课	考试 экзамен	思想道德修养与法律基础 Идейно – нравственное воспитание и основы правоведения	2.5	42	42		2.5										
	考试 экзамен	中国近现代史纲要 Основы новой и новейшей истории Китая	2.5	42	42			2.5									
	考试 экзамен	马克思主义基本原理 Основные положения марксизма	2.5	42	42				2.5								
	考试 экзамен	毛泽东思想和中国特色社会主义理论体系概论 Введение в маоизм и теоретическую систему социализма с китайской спецификой	4.5	64	64					4.5							
	考查 зачет	形势与政策（1－4） Ситуация и политика (1 – 4)	2	32	32		0.5	0.5	0.5	0.5							
	考查 зачет	思想政治理论课程实践	2	34		34				2							
	考试 экзамен	俄语语法 грамматика русского языка	2	32	32		2										

续表

课程分类 Форма Дисц.	考核方式 形式 контроля	课程名称 Дисциплины	学分 З.е.	学时 Объем работы в часах			学年、学期、学分 Курс、семестр、З.е.											备注
				合计 всего	理论学时 лекции	实践学时 практики	第1学年 1курс		第2学年 2курс		第3学年 3курс		第4学年 4курс		第5学年 5курс		
							1	2	3	4	5	6	7	8	9	10	
公共基础课 Базовый часть 必修课	考试 экзамен	俄语读写译（1-4） Чтение, письмо и перевод русского языка（1-4）	13	208	208		3	4	3	3							
	考查 зачет	俄语视听说（1-4） Аудиовизуальный курс русского языка（1-4）	6	96		96	1	1	2	2							
	考试 экзамен	高等数学C Высшая математика	2	32	32		2										
	考试 экзамен	体育（1-4） Физическая культура（1-4）	4	140		140	1	1	1	1							
	考查 зачет	军事理论 Военная теория	2	32	32	0	2										
	考查 зачет	创新创业基础（1-4） Ориентация в сфере инновационного предпринимательства（1-4）	2	32	32		0.5	0.5	0.5	0.5							
	考试 экзамен	安全生产 Безопасность жизнедеятельности	2	32	32									2			俄方
	小计 всего	14门	49	860	590	270	14.5	9.5	9.5	13.5							

152

续表

课程分类 Форма Дисц.	考核方式 形式 контроля	课程名称 Дисциплины	学分 з.е.	学时 Объем работы в часах			学年、学期、学分 Курс, семестр, з.е.										备注
				合计 всего	理论学时 лекции	实践学时 практики	第1学年 1курс		第2学年 2курс		第3学年 3курс		第4学年 4курс		第5学年 5курс		
							1	2	3	4	5	6	7	8	9	10	
专业基础课 Базовий часть / 必修课	考试 экзамен	画法几何和工程制图(1-2) Начертательная геометрия и инженерная графика(1-2)	3	48	48		1.5	1.5									
	考查 зачет	素描和色彩(1-4) Рисунок и колористика(1-4)	4	144	96	48	1	1	1	1							
	考查 зачет	建筑初步 Введение в специальность	1	16	16		1										
	考试 экзамен	设计基础(1) Архитектурное проектирование(1). Архитектурная графика и основы макетирования	5	80	64	16	5										
	考试 экзамен	设计基础(2) Архитектурное проектирование(2).	6	96	64	32		6									
	考查 зачет	测量学 Инженерная геодезия	2	32	16	16		2									
	考查 зачет	建筑构成手法 Приемы и средства гармонизации в архитектуре	2	32	32			2									
	考试 экзамен	建筑构造(1) Основы архитектуры и строительных конструкций(1)	2	32	28	4			2								
	考试 экзамен	建筑力学 Строительная механика	3	48	40	8			3								

续表

课程分类 Форма Дисц.	考核方式 формы контроля	课程名称 Дисциплины	学分 З.е.	合计 всего	理论学时 лекции	实践学时 практики	第1学年 1курс		第2学年 2курс		第3学年 3курс		第4学年 4курс		第5学年 5курс		备注
							1	2	3	4	5	6	7	8	9	10	
必修课 专业基础课 Базовий часть	考试 экзамен	中国建筑史 История китайской архитектуры	3	48	48						3							
	考试 экзамен	建筑物理（1）建筑热工学 Строительная теплотехника	3	48	40	8				3							
	考查 зачет	居住建筑设计原理 Основы проектирования жилых зданий	2	32	32						2						
	考试 экзамен	公共建筑设计原理 Основы проектирования общественных зданий	2	32	32							2					
	考试 экзамен	外国建筑史 История мировой архитектуры	3	48	48							3					
	小计 всего	14门	41	736	604	132	8.5	12.5	6	7	2	5					
		专业核心课	57	912	692	220			8	8	13	8	8	8	4		
		集中实践教学环节	40									2.5	5	2	8	12	
		必修合计	187				24	25	26	30	17.5	15.5	13	12	12	12	
选修课		专业类选修课	34.5	552							5.5	9	12	8			
		文化素质类选修课	7	112			2	1	2	2							
		选修合计	41.5	664			2	1	2	2	5.5	9	12	8			
		总计 всего	228.5				26	26	28	32	23	24.5	25	20	12	12	

附表 1－20

专业核心课（必修课）基础部分 Базовый часть

考核方式 形式 контроля	课程名称 Дисциплины	学分 3.е.	学时 Объем работы в часах			学年、学期、学分 Курс, семестр, 3.е.										备注
			合计 всего	理论学时 лекции	实践学时 практики	第1学年 1курс		第2学年 2курс		第3学年 3курс		第4学年 4курс		第5学年 5курс		
						1	2	3	4	5	6	7	8	9	10	
考试 экзамен	建筑设计(1)A Архитектурное проектирование, Уровень2(1), А.	4	64	48	16			4								
考试 экзамен	建筑设计(1)B Архитектурное проектирование, Уровень2(1), В.	4	64	48	16			4								
考试 экзамен	建筑设计(2)A Архитектурное проектирование, Уровень2(2), А.	4	64	48	16				4							中俄合开
考试 экзамен	建筑设计(2)B Архитектурное проектирование, Уровень2(2), В.	4	64	48	16				4							中俄合开
考试 экзамен	建筑设计(3)A Архитектурное проектирование, Уровень2(3), А.	4	64	48	16					4						中俄合开
考试 экзамен	建筑设计(3)B Архитектурное проектирование, Уровень2(3), В.	4	64	48	16					4						中俄合开
考试 экзамен	建筑设计(4)A Архитектурное проектирование, Уровень 2(4), А.	4	64	48	16						4					中俄合开

续表

考核方式 формы контроля	课程名称 Дисциплины	学分 З.e.	合计 всего	理论学时 лекции	实践学时 практики	1	2	3	4	5	6	7	8	9	10	备注
考试 экзамен	建筑设计(4)B Архитектурное проектирование, Уровень 2(4), В.	4	64	48	16						4					中俄合开
考试 экзамен	建筑设计(5)A Архитектурное проектирование, Уровень 2(5), А.	4	64	48	16							4				中俄合开
考试 экзамен	建筑设计(5)B Архитектурное проектирование, Уровень 2(5), В.	4	64	48	16							4				中俄合开
考试 экзамен	建筑设计(6)A Архитектурное проектирование, Уровень 2(6), А.	4	64	48	16								4			中俄合开
考试 экзамен	建筑设计(6)B Архитектурное проектирование, Уровень 2(6), В.	4	64	48	16								4			中俄合开
考试 экзамен	建筑设计(7) Архитектурное проектирование, Уровень 2(7), А.	4	64	48	16									4		中俄合开
考查 зачет	建筑构造2 Основы архитектуры и строительных конструкций(2)	2	32	28	4					2						
考试 экзамен	建筑物理2 Строительная акустика и светотехника	3	48	40	8					3						
总计 15门		57	912	692	220			8	8	13	8	8	8	4		

附表 1－21

专业选修课 по выбору

考核方式 формы контроля	课程名称 Дисциплины	学分 3. e.	学时 Объем работы в часах			学年,学期,学分 Курс, семестр, 3. e.										备注 прил.	
			合计 всего	理论学时 лекции	实践学时 практики	第1学年 1курс		第2学年 2курс		第3学年 3курс		第4学年 4курс		第5学年 5курс		课程性质	开课方
						1	2	3	4	5	6	7	8	9	10		
	专业限选课（选修不少于 31 学分） по выбору вуз（не менее 31 з. e.）																
考查 зачет	建筑材料 Строительные материалы	2	32	24	8					2						限选	俄方
考查 зачет	建筑给排水 Водоснабжение и водоотведение	2	32	32						2						限选	
考查 зачет	建筑暖通 Теплогазоснабжение и вентиляция	2	32	32							2					限选	俄方
考查 зачет	建筑供配电 Электроснабжение с основам и электротехники	2	32	32							2					限选	俄方
考查 зачет	砌体和混凝土结构 Железобетонные конструкции	3	48	32	16						3					限选	俄方
考查 зачет	钢结构 Металлические конструкции	3	48	32	16							3				限选	俄方
考查 зачет	城市设计原理 Основы градостроительного проектирования	2	32	24	8							2				限选	
考查 зачет	景观设计原理 Основы ландшафтного проектирования	2	32	24	8							2				限选	
考查 зачет	建筑保护与更新 Основы реконструкции и реставрации	3	48	32	16							3				限选	俄方

续表

考核方式 形式 контроля	课程名称 Дисциплины	学分 З.е.	学时 Объем работы в часах 合计 всего	理论学时 лекции	实践学时 практики	第1学年 1курс 1	2	第2学年 2курс 3	4	第3学年 3курс 5	6	第4学年 4курс 7	8	第5学年 5курс 9	10	备注 прил. 课程性质	开课方
考查 зачет	建筑法规 Правовые основы градостроительства	2	32	32								2				限选	
考查 зачет	建筑经济 Экономика строительства	2	32	32									2			限选	
考查 зачет	地基与基础 Основания и фундаменты	2	32	24	8								2			限选	俄方
考查 зачет	建筑施工与组织 Технология и организация и строительного производства	2	32	24	8								2			限选	俄方
总计 всего	13门	29	464	376	88					4	7	12	6				
	专业选修课（选修不少于5.5学分）по выбору студента（не менее 5.5 з.е.）																
考查 зачет	专业俄语 Профессиональный русский язык	1.5	24	24						1.5						二选一	俄方
考查 зачет	俄罗斯建筑史 Русь建筑史	1.5	24	24						1.5						二选一	俄方
考查 зачет	绿色建筑专题《зеленое》строительство	2	32	32							2					二选一	
考查 зачет	建筑数字技术 Графическое моделирование зданий	2	32	16	16						2					二选一	

续表

课程名称 Дисциплины	学分 З.е.	合计 всего	理论学时 лекции	实践学时 практики	第1学年 1курс 1	2	第2学年 2курс 3	4	第3学年 3курс 5	6	第4学年 4курс 7	8	第5学年 5курс 9	10	课程性质	开课方	考核方式 формы контроля
室内设计原理 Основы дизайна интерьера	2	32	24	8										2	二选一	俄方	考查 зачет
建筑策划 Планирование строительства	2	32	24	8								2					考查 зачет
总计 6门 всего	5.5								1.5	2		2		2			总计 всего

需修够专业选修课 5.5 学分 по выбору студента（не менее 5.5 з. е.）

人文素质类选修课 по выбору студента（选修课不少于7学分）
Не менее 7 з. е.

课程名称 Дисциплины	学分 З.е.	合计 всего	理论学时 лекции	实践学时 практики	第1学年 1курс 1	2	第2学年 2курс 3	4	第3学年 3курс 5	6	第4学年 4курс 7	8	第5学年 5курс 9	10	课程性质	开课方	考核方式 формы контроля
大学生心理健康教育 Психология	2	32	32		2										限选		考试 экзамен
写作 Литературное творчество	1	16	16			1									限选		考查 зачет
艺术史 История искусств	2	32	32							2					限选	俄方	考查 зачет
其他素质类选修课	2	32	32				2								选修		考查 зачет
总计 4门 всего	7				2	1	2			2							总计 всего

需修够人文素质类选修课 7学分 Не менее 7 з. е.

附表 1－22　　　　　集中实践性教学环节 практики

序号	名　称 Практики	学分 З. е.	周数 недели	学期 семестр	实习 地点 место	实习 类别 форма	备　注 прил.
1	军事训练 Военная теория	1	2	1	校内	集中	武装部组织实施并考核
2	社会实践 Общественная практика	1		1～4			利用假期完成，不少于4周时间，完成不少于1500字调查报告，马克思主义学院组织实施并考核，第5学期记载成绩 　Необходимо завершить за счет каникул, не менее 4 недель, отчет не менее 1500 слов，баллы проставляются в 5 - м семестре
3	素质拓展 веревочный курс	1		1～7			利用第二课堂学校指导学生自主实践，学院组织考核，第7学期记载成绩 　Организует институт, баллы проставляются в 7 - м семестре
4	创新创业训练 Инновационное предпринимательство	2		1～7			利用第二课堂学校指导学生自主实践，学院组织考核，第7学期记载成绩 　Организует институт, баллы проставляются в 7 - м семестре
5	城市认知实习 ознакомительная практика	2	2	2	省外	集中	假期进行
6	测量实习 Геодезическая практика	1	1	2	校内	集中	周末或学期末进行
7	素描实习 Практика по рисунку	1	1	3	省内	集中	
8	色彩实习 Практика поколористике	1	1	4	省内	集中	

续表

序号	名　称 Практики	学分 3. e.	周数 недели	学期 семестр	实习 地点 место	实习 类别 форма	备　注 прил.
9	模型制作 постройка макета	1	1	5	校内	集中	
10	古建调研与测绘 Чертежи съемка старых сооружений	2	2	6	省外	集中	假期进行
11	快速设计（1-4） Клаузура（1-4）	2	2	3～6	校内	集中	3～6 每学期进行一次，各 0.5 学分，周末或学期初进行，3～6 每学期记录一次成绩
12	建造实习 Производственная практика （архитектура）	2	2	7	校内	集中	
13	工程训练 производственная практика （металлический цех）	1		3	校内	集中	工程训练中心组织实施并考核
14	建筑师业务实习 Практика	2	2	8	校外	分散	
15	毕业实习 Дипломная практика	8	16	9	校外	分散	
16	毕业设计 Дипломный проект	12	12	10	校内 校外	集中	中俄合开
小计：共 16 门		40					
本环节为必修环节，共需要修够 40 学分							

五、测绘工程专业培养方案

（一）专业名称（专业代码）、专业方向、授予学位

专业名称：测绘工程（081201H）。

授予学位：工学学士。

（二）培养目标

本专业培养的人才，传承坚守中华文明优秀品质，吸纳消化俄罗斯文化

优质元素，具有良好的俄语水平，掌握扎实的测绘工程理论知识，掌握地理空间信息采集、处理、表达和应用的基本原理、方法及测绘工程项目管理的技能，具有团队协作力、革新创造力和科技研发力，具有终身学习和继续攻读相关专业更高学位的能力，从事国家基础建设测绘、城市和工程建设测绘、国土资源调查与管理等领域的生产、设计、开发及管理工作。学生毕业后 5 年左右，能在测绘、水利、水电、交通、能源、城建等部门从事国家基础测绘建设、工程建设测量、土地与房产测量、国土资源调查与管理、测绘地理信息综合服务等方面工作，具备测绘工程师的专业理论水平和实际工作能力，能够胜任测绘工程专业技术或管理岗位。

（三）培养要求

本专业学生主要学习测绘工程方面的基本理论和基本知识，接受工程师的基本训练，掌握地形测绘、摄影测量与遥感、地理信息管理、地籍测量与房产管理、工程测量与变形监测等方面的基本能力。毕业生应获得以下几方面的知识和能力。

（1）工程知识：能够将数学、自然科学、工程基础和专业知识相结合，用于解决复杂测绘工程问题。

（2）问题分析：能够应用数学、自然科学和工程科学的基本原理，识别、表达、分析复杂的测绘工程问题，以获得有效结论。

（3）设计/开发解决方案：能够设计针对复杂测绘工程问题的解决方案，设计满足特定需求的系统、单元（部件）或工艺流程，并能够在设计环节中体现创新意识，考虑社会、健康、安全、法律、文化以及环境等因素。

（4）研究：能够基于科学原理并采用科学方法对复杂测绘工程问题进行研究，包括设计实验、分析与解释数据，并通过信息综合得到合理有效的结论。

（5）使用现代工具：能够针对复杂测绘工程问题，开发、选择与使用恰当的技术、资源以及现代测绘仪器、信息技术及软件，包括对复杂测绘工程问题的预测与模拟，并能够理解其局限性。

（6）工程与社会：能够基于工程相关背景知识进行合理分析，评价测绘工程实践和复杂测绘工程问题解决方案对社会、健康、安全、法律以及文化的影响，并理解应承担的责任。

（7）环境和可持续发展：能够理解和评价针对复杂测绘工程问题的工程实践对环境、社会可持续发展的影响。

（8）职业规范：具有人文社会科学素养、社会责任感，能够在工程实践中理解并遵守工程职业道德和规范，履行责任。

（9）个人和团队：能够在多学科背景下的团队中承担个体、团队成员以及负责人的角色。

（10）沟通：能够就复杂测绘工程问题与业界同行及社会公众进行有效沟通和交流，包括撰写报告和设计文稿、陈述发言、清晰表达或回应指令；并具备一定的国际视野，能够在跨文化背景下进行沟通和交流。

（11）项目管理：理解并掌握工程管理原理与经济决策方法，并能在多学科环境中应用。

（12）终身学习：具有自主学习和终身学习的意识，有不断学习和适应发展的能力。

（四）主干学科

测绘科学与技术学科。

（五）核心课程

地形测量学、大地测量学、摄影测量学、地图制图学、误差理论与测量平差基础、数字测图原理与应用、GNSS 原理及其应用、遥感原理与应用、地理信息系统原理、工程测量学、地球科学概论等。

（六）主要专业实践性教学环节

地形测量实习、地籍测量实习、摄影测量实习、遥感实习、"地理信息系统"课程设计、大地测量实习、GNSS 测量实习、工程测量实习、变形监测实习、GNSS 数据处理课程设计、毕业实习、毕业设计（论文）等。

（七）主要专业实验

地形测量学实验、数字测图实验、大地天文学实验、地理空间数据与处理方法实验、大地测量学实验、摄影测量学实验、地图制图学实验、工程测量学实验、GNSS 原理及其应用实验等。

（八）毕业与学位

标准学制：4 年，实行弹性学制 3～7 年。

学生在规定学习年限内，修满本方案规定的最低 190 学分，符合学校毕

业要求，颁发全日制本科毕业证书。获得毕业资格的学生，达到学校学位授
予标准，经校学位委员会审议，颁发学士学位证书。

（九）课程体系及学分要求

一）数学与自然科学类基础课程（共 24 学分，占总学分 12.6%）

附表 1−23　　　　　　数学与自然科学类基础课程

课程类别	课程性质	课 程 名 称	学分	开课学期
公共必修课	必修	高等数学（1−2）	9	1、2
		线性代数	3	3
		概率统计	3	4
		通用物理（含物理实验）（1−2）	7	2、3
专业类课	必修	地球科学概论	1	2
		测绘学概论	1	1
		合计	24	

二）工程基础类、专业基础类、专业类课程（共 73 学分，占总学分 38.4%）

附表 1−24　　　　工程基础类、专业基础类、专业类课程

课程类别	课程性质	课 程 名 称	学分	开课学期
工程基础类课	必修	工程图学概论（土建类）	3	1
		计算机与信息技术基础	1	1
		高级语言程序设计	3	2
		工程力学 B	3	2
		数据结构与算法	2	2
		数值计算方法	3	5
专业基础类课	必修	地形测量学	3.5	2
		基础天文学	1	3
		数字图像处理	2	3
		数字测图原理与应用	2	4
		误差理论与测量平差基础	4	4
		大地测量学基础	2	5
		地图制图学	2	5
		摄影测量学	2.5	5

续表

课程类别	课程性质	课程名称	学分	开课学期
专业类课	必修	大地天文学	3	4
		GNSS原理及其应用	3	5
		遥感原理与应用	2.5	6
		地理信息系统原理	2.5	6
		工程测量学	3	6
		球体大地测量学	2	6
		理论大地测量学	1.5	7
		地理空间数据处理与分析方法	3	6
		数字摄影测量	2.5	6
		信息安全和信息保密	3	7
	选修	专业选修课至少13学分	13	3～7
		合计	73	

三）集中工程实践与毕业设计（共 37 学分，占总学分 19.5%）

附表 1－25　　　　　　集中工程实践与毕业设计

课程类别	课程性质	课程名称	学分	开课学期
集中工程实践与毕业设计	必修	军事训练	1	1
		社会实践	1	1～4
		素质拓展	1	1～7
		创新创业训练	2	1～7
		地形测量实习	2	2
		认知实习（数字测图实习）	2	4
		"地理信息技术"——学年设计 （GNSS测量实习、地籍测量实习）	3	5
		生产实习（大地测量实习、GNSS数据处理课程设计）	3	6
		"地理信息系统"——课程设计	3	6
		工程测量实习	2	7
		摄影测量实习	1	7
		遥感实习	1	7
		毕业实习	2	8
		毕业设计（论文）	12	8
	选修 （至少选修1学分）	变形监测实习	1	7
		测量程序课程设计	1	5
		无人机测量实习	1	7
		雷达干涉测量实习	1	7
		矿山测量实习	1	7
		合计	37	

四）通识教育课程（共 43 学分，占总学分 22.6%）

附表 1－26　　　　　　通 识 教 育 课 程

课程类别	课程性质	课 程 名 称	学分	开课学期
公共必修课	必修	思想道德修养与法律基础	2.5	1
		中国近现代史纲要	2.5	2
		马克思主义基本原理	2.5	3
		毛泽东思想和中国特色社会主义理论体系概论	4.5	4
		形势与政策（1－4）	2	1～4
		思想政治理论课程实践	2	4
		俄语读写译（1－4）	13	1～4
		俄语视听说（1－4）	6	1～4
		俄语语法	2	1
		体育（1－4）	4	1～4
		军事理论	2	1
		合计	43	

五）人文社会科学类课程（共 13 学分，占总学分 6.9%）

附表 1－27　　　　　　人文社会科学类课程

课程类别	课程性质	课 程 名 称	学分	开课学期
人文社科类课	必修	测绘法律法规与项目管理	2	6
		创新创业基础（1－4）	2	1～4
		生命活动安全	2	7
文化素质类课	选修	大学生心理健康教育	2	1（限选）
		文化与写作类课程	1	2（限选）
		艺术教育类课程	2	1（限选）
		其他素质类选修课	2	3
		合计	13	

（十）指导计划

指导计划如下。

附表 1-28

指 导 计 划

课程分类	考核方式	课程名称	学分	学时 合计	学时 理论学时	学时 实践学时	第1学年 1	第1学年 2	第2学年 3	第2学年 4	第3学年 5	第3学年 6	第4学年 7	第4学年 8
公共基础与通识课（必修课）	考试	思想道德修养与法律基础	2.5	42	42	0	2.5							
	考试	中国近现代史纲要	2.5	42	42	0		2.5						
	考试	马克思主义基本原理	2.5	42	42	0			2.5					
	考试	毛泽东思想和中国特色社会主义理论体系概论	4.5	64	64	0				4.5				
	考查	形势与政策（1－4）	2	32	32	0	0.5	0.5	0.5	0.5				
	考查	思想政治理论课程实践	2	34		34				2				
		思政课类课程 6 门	16	256	222	34								
	考试	俄语读写译（1－4）	13	208	208	0	3	3	3	3				
	考查	俄语视听说（1－4）	6	96		96	1	2	2	1				
	考试	俄语语法	2	32	32	0	2							
		俄语类课程 3 门	21	336	240	96	6	5	5	5				
	考试	高等数学（1－2）	9	144	144	0	5	4						
	考查	线性代数	3	48	48	0			3					
	考试	概率统计	3	48	48	0				3				
	考试	通用物理（含物理实验）（1－2）	7	112	80	32		3	4					

续表

课程分类	考核方式	课 程 名 称	学分	学时 合计	理论学时	实践学时	第1学年 1	第1学年 2	第2学年 3	第2学年 4	第3学年 5	第3学年 6	第4学年 7	第4学年 8
公共基础与通识课（必修课）	考试	数学物理类课程4门	22	352	320	32	4	8	7	3				
	考查	体育（1-4）	4	140		140	1	1	1	1				
	考查	军事理论	2	32	32		2							
		军体类课程2门	6	172	32	140	3	1	1	1				
	考查	创新创业基础（1-4）	2	32	32		0.5	0.5	0.5	0.5				
	考查	生命活动安全	2	32	16	16							2	
	考查	地球科学概论	1	16	16			1						
		通识素质类课程3门	5	80	64	16	0.5	1.5	0.5	0.5			2	
		小计 18门	70	1196	878	318	16.5	18.5	16.5	16.5			2	
专业基础课（必修课）	考试	数据结构与算法	2	32	16	16			2					
	考试	工程图学概论（土建类）	3	48	48		3							
	考查	计算机与信息技术基础	1	20	8	12	1							
	考试	工程力学B	3	48	48			3						
	考试	高级程序语言	3	48	24	24		3						
	考查	数值计算方法	3	48	24	24					3			
	考试	地形测量学	3.5	56	40	16	3.5							

续表

课程分类	考核方式	课程名称	学分	合计	理论学时	实践学时	1	2	3	4	5	6	7	8
必修课 专业基础课	考查	基础天文学	1	16	8	8			1					
	考试	数字图像处理	2	32	22	10			2					
	考试	误差理论与测量平差基础	4	64	64	0				4				
	考试	数字测图原理与应用	2	32	16	16				2				
	考试	大地测量学基础	2	32	24	8					2			
	考试	摄影测量学	2.5	40	24	16					2.5			
	考试	地图制图学	2	32	24	8					2			
	小计	14门	34	548	390	158	4	9.5	5	6	9.5			
		集中实践教学环节	37				1	2		2	4	6	8	14
		必修合计	141	1744	1268	476	21.5	30	21.5	24.5	13.5	6	10	14
专业课		专业类必修课	29	464	272	192	1		3	3	3	16	3	
		专业类选修课	13	208	128	80					4	2.5	6.5	
		合计	42	672	400	272	1		3	3	7	18.5	9.5	
		文化素质类选修课（学校统一发布选修课）	7	112	112		4	1	2					
		总计	190	2528	1780	748	26.5	31	26.5	27.5	20.5	24.5	19.5	14

表头说明：学时分为合计、理论学时、实践学时；学期分为第1学年（1、2）、第2学年（3、4）、第3学年（5、6）、第4学年（7、8）。

附表 1-29　专业核心课（必修）

课程名称	考核方式	学分	学时 合计	理论学时	实践学时	第1学年 1	第1学年 2	第2学年 3	第2学年 4	第3学年 5	第3学年 6	第4学年 7	第4学年 8	备注
大地天文学	考试	3	48	24	24				3					
GNSS原理及其应用	考试	3	48	32	16					3				
遥感原理与应用	考试	2.5	40	24	16						2.5			
地理信息系统原理	考试	2.5	40	24	16						2.5			
工程测量学	考试	3	48	32	16						3			
球体大地测量学	考试	2	32	24	8						2			
理论大地测量学	考试	1.5	24	16	8							1.5		
地理空间数据处理与分析方法	考试	3	48	16	32						3			
数字摄影测量	考试	2.5	40	24	16						2.5			
测绘学概论	考查	1	16	16		1								
信息安全和保密	考试	3	48	24	24							3		
测绘法律法规与项目管理	考查	2	32	16	16							2		
合计		29	464	272	192	1			3	3	15.5	6.5		

12门

附表1-30　专业选修课

考核方式	课程名称	学分	学时			学期								备注
			合计	理论学时	实践学时	第1学年		第2学年		第3学年		第4学年		
						1	2	3	4	5	6	7	8	
考查	地籍测量	2.5	40	24	16					2.5				
考查	无人机测绘	1.5	24	24	0							1.5		
考查	雷达干涉测量	2	32	32	0							2		
考查	矿山测量	1.5	24	24	0							1.5		
考查	精密工程测量	1	16	12	4							1		选修13学分
考查	GNSS测量与数据处理	3	48	32	16						3			
考查	专业俄语	1.5	24	24	0					1.5				
考查	道路勘测设计	2	32	32	0						2			
考查	工程CAD	2	32	16	16			2						
考查	Matlab软件使用	1	16	8	8			1						
考查	专业文献检索	1	16	8	8							1		
考查	测量程序设计	2.5	40	32	8					2.5				
考查	地球形状理论	1	16	8	8							1		
考查	变形监测技术与应用	2	32	16	16							2		
考查	地下管线测量	1	16	16								1		
考查	测绘工程监理	2	32	32						2				
考查	工程招投标	2	32	32								2		
合计	17门	29.5	472	372	100			3		8.5	5	13		

171

附表 1-31 集中实践性教学环节

序号	名称	学分	周数	学期	实习地点	实习类别	备注
1	军事训练	1	2	1	校内	集中	武装部组织实施并考核
2	社会实践	1		1-4	校内校外		利用假期完成,不少于4周时间,完成不少于1500字调查报告;马克思主义课堂学生自主实践;第5学期组织实施并考核,学院组织记载成绩
3	素质拓展	1		1-7	校内校外		利用第二课堂学校指导学生自主实践,学院组织记载成绩
4	创新创业训练	2		1-7	校内校外		利用第二课堂学校指导学生自主实践,学院组织记载成绩
5	地形测量实习	2	2	2	校外	集中	
6	认知实习	2	2	4	校外	集中	数字测图实习
7	"地理信息技术"——学年设计	3	3	5	校外	集中	GNSS测量实习,地籍测量实习
8	生产实习	3	3	6	校内/校外	集中/分散	大地测量实习,GNSS数据处理课程设计
9	"地理信息系统"——课程设计	3	3	6	校内	分散	
10	工程测量实习	2	2	7	校外	集中	
11	摄影测量实习	1	1	7	校外	集中	
12	遥感实习	1	1	7	校外	集中	
13	变形监测实习	1	1	8	校内/校外	集中	
14	毕业实习	2	2	8	校内/校外		
15	毕业设计(论文)	12	12	8			
合计	15门	37					

实习类别:集中实习、分散实习。
实习地点:校内实习、校外实习。
实践环节的考核方式为考查。
实践环节可顺延安排假期期间实施。

附录二 华北水利水电大学
参与金砖国家网络大学
建设活动

一、金砖国家网络大学建立

2013 年 5 月，首届联合会教科文组织金砖国家教育部长会议在联合国教科文组织总部召开。此次会议由教科文组织和金砖国家轮值主席国南非共同倡议举办，旨在落实金砖国家领导人会晤成果。包括中国时任教育部部长袁贵仁在内的金砖国家教育部长出席了此次会议。这次会议上，五国教育部长围绕金砖国家间高等教育、职业教育合作，建立教育、研究和技术发展领域的伙伴关系以及金砖国家与联合国教科文组织伙伴关系等议题首次进行了讨论，一致同意建立一个在教育领域的常设合作机制。至此，金砖国家教育部长会议机制正式设立，为五国合作提供了新的多边平台。

2014 年 7 月，金砖国家领导人第六次会晤在巴西举行，会后发布了《福塔莱萨宣言》，其中第 56 款提到："我们认识到教育对于可持续发展和包容性增长的战略重要性，我们愿进一步加强金砖国家在教育领域的合作。"第一次将金砖国家教育合作写入领导人会晤成果文件。2015 年 3 月，在巴西利亚举行金砖国家第二次教育部长会议，会上通过《巴西利亚教育宣言》，其中第 9 条提到："我们支持发起一个金砖国家大学联盟，以及成立一个专门的工作团队来组建一个金砖国家网络大学。"第一次提出建立金砖国家高等教育两大组织的倡议，其中金砖国家网络大学由俄罗斯政府主导，金砖国家大学联盟由中国政府主导。

2015 年 9 月，金砖国家领导人第七次会晤在俄罗斯举行，会后发布了《乌法宣言》，其中宣言第 63 款提到："我们强调高等教育和研究的重要性，呼吁在承认大学文凭和学位方面加强交流。我们要求金砖国家相关部门就学位鉴定和互认开展合作，支持建立金砖国家网络大学和大学联盟的倡议。"第一次将金砖国家网络大学写入领导人会晤成果文件。

2015 年 11 月，金砖国家第三次教育部长会议在莫斯科召开，包括时任中国教育部副部长杜玉波等在内的五国教育部代表、金砖国家驻俄罗斯使馆全权代表和金砖国家部分高校代表参会。本次会议是落实《乌法宣言》的后续行动，对深化金砖国家在教育领域的务实合作具有重要作用。会议闭幕前，金砖五国教育部代表签署了《关于建立金砖国家网络大学的谅解备忘录》，金砖国家网络大学正式成立。

二、华北水利水电大学中俄联合办学进程

（1）2015 年 7 月，学校"十三五规划"中，将加入"金砖国家大学联盟"和"金砖国家网络大学"列入打开国际化办学的新局面的规划。

（2）2015 年 8 月，启动与俄罗斯乌拉尔联邦大学合作办学，确定就土木工程、环境工程、信息工程三个专业申办本科层次的合作办学项目，准备中俄合作办学项目申报资料。

（3）2015 年 10 月，学校与俄罗斯乌拉尔联邦大学在北京签订《合作办学框架协议书》，成立"金砖国家大学事务工作领导小组"，校党委书记王清义任组长，副校长王天泽任副组长，工作小组下设办公室。

（4）2015 年 11 月，华北水利水电大学与乌拉尔联邦大学联合申办的土木工程本科层次合作办学项目通过河南省教育厅评审，并报送教育部。

（5）2015 年 11 月，俄罗斯乌拉尔联邦大学作为"金砖国家大学联盟"与"金砖国家网络大学"成员高校，向我国教育部提交《关于推荐邀请中国华北水利水电大学加入"金砖国家大学联盟"以及参与组建"金砖国家网络大学"的函件》，教育部副部长郝平将此信批转国际司。教育部国际司欧亚处处长赵磊正式通知河南省教育厅及华北水利水电大学准备申请加入金砖国家大学组织的相关材料。校党委书记王清义等主要领导立即召开有关部门会议，安排申报工作。经过河南省教育厅指示，华北水利水电大学开始进行金砖国家网络大学申报材料准备工作，同时开始研究推进乌拉尔联邦大学共同申报合作办学机构——中俄工程技术学院。2015 年 12 月 10 日，教育部印发《关于确认"金砖国家网络大学"项目中方参与院校的通知》（教外司际〔2015〕2129 号文件），华北水利水电大学被正式确定为"金砖国家网络大学"项目中方参与高校。

（6）2015 年 12 月，河南省人民政府研究室《省长专报》2015 年第 244 期（总第 1675 期）"聚焦中原"栏目、河南省人民政府办公厅《政务要闻》等媒体集中报道了河南省教育厅报送的题为《教育部：华北水利水电大学入

选"金砖国家网络大学"院校》的新闻。

（7）2016 年 1 月，教育部正式通知华北水利水电大学签署金砖国家大学校长论坛通过的《北京共识》，标志着华北水利水电大学正式成为"金砖国家大学联盟"成员高校。华北水利水电大学开始筹建"金砖国家大学联盟-金砖国家网络大学水工程与能源研究中心（中国）"。

（8）2016 年 2 月，河南省教育工作会议在郑州召开，华北水利水电大学参加"金砖国家网络大学"建设工作列入河南省教育厅 2016 年重点支持项目。同月，副校长王天泽主持召开了俄罗斯乌拉尔联邦大学校长一行的来访接待和筹备第一次协调会议，通报乌拉尔联邦大学校长近期来访的接待方案、两校科研机构挂牌仪式、合作办学筹备工作。河南省教育厅组织专家对学校与俄罗斯乌拉尔联邦大学联合举办的中外合作办学机构——中俄工程技术学院的申报材料进行评审，并当场反馈，获得批准。

（9）2016 年 2 月，华北水利水电大学与俄罗斯乌拉尔联邦大学合作举办土木工程专业本科合作项目获得教育部批准。

（10）2016 年 2 月 29 日上午，华北水利水电大学与俄罗斯乌拉尔联邦大学合作办学签字仪式暨"金砖国家大学联盟-金砖国家网络大学水工程与能源研究中心（中国）"揭牌仪式在郑州举行。乌拉尔联邦大学校长卡克沙罗夫·维克多·阿纳多里耶维奇，副校长霍米亚科夫·马克西姆·巴利萨维奇，欧亚协会会长冯耀武，河南省教育厅副厅长訾新建，省教育厅厅长助理、国际处处长荣西海，华北水利水电大学校长刘文锴、副校长王天泽等出席仪式。王天泽主持仪式。刘文锴和卡克沙罗夫分别致辞并代表双方签署合作办学机构项目实施意向协议。卡克沙罗夫、霍米亚科夫、冯耀武、訾新建、荣西海、刘文锴等共同为研究中心揭牌。河南省教育厅副厅长訾新建发表讲话。河南日报、河南电视台、大河报、东方今报、郑州晚报、河南商报、大河网等媒体记者来到现场进行了采访报道。

（11）2016 年 3 月，俄罗斯乌拉尔联邦大学校长卡克沙罗夫、副校长霍米亚科夫一行来访，校长刘文锴与乌拉尔联邦大学校长卡克沙罗夫签署了《关于联合设立华北水利水电大学中俄工程技术学院合作备忘录》；学校党委发布"关于部分机构设置调整的通知（华水党〔2016〕10 号文件）"，成立金砖国家大学事务办公室（正处级），负责华北水利水电大学与金砖国家大学两大组织的沟通联络及中俄合作办学机构的申报工作；赴俄罗斯乌拉尔联邦大学参观访问并与乌大相关院系进行专业对接，签订院系合作备忘录。

（12）2016 年 3 月 24 日，教育部金砖国家大学联盟秘书处发布成员高校名单，正式确认华北水利水电大学为金砖国家大学联盟成员高校。至此，华北水利水电大学正式加入金砖国家高等教育多边合作框架下的两大机制。

（13）2016年4月，华北水利水电大学代表团组赴北京师范大学参加"金砖国家大学联盟中方成员高校第一次工作会议"，共同商讨《金砖国家大学联盟章程》和《金砖国家大学联盟2016年工作规划》，分享与金砖国家教育交流的经验。华北水利水电大学向河南省教育厅提交《关于与俄罗斯乌拉尔联邦大学合作举办华北水利水电大学中俄工程技术学院的请示》。

（14）2016年4月6—8日，校党委书记王清义带队赴俄罗斯叶卡捷琳堡乌拉尔联邦大学，参加金砖国家网络大学第一届年会。

1）2016年4月7日，参加了开幕式大会，听取由印度与会代表及俄罗斯斯维尔德罗夫斯克州州长、俄罗斯教育部副部长、联邦大学校长的致辞；金砖五国的教育部代表做关于"本国参与大学高等教育发展"的陈述，听取了由ITG和IGB成员做关于"ITG及IGB发展战略"的陈述。

2）2016年4月7日上午，校党委书记王清义一行与乌拉尔联邦大学副校长霍米亚科夫等举行会谈，商讨了合作办学机构申报材料的具体问题。

3）2016年4月7日下午，校党委书记王清义一行与乌拉尔联邦大学校长卡克沙罗夫等举行会谈，双方回顾总结了之前的合作，并商讨了后续合作的具体问题。

4）2016年4月7日晚上，校党委书记王清义和乌拉尔联邦大学校长卡克沙罗夫共同为"金砖国家大学联盟-金砖国家网络大学水工程与能源研究中心（俄罗斯）"揭牌。河南省教育厅副厅长訾新建、厅长助理、国际交流与合作处处长荣西海等见证。

5）2016年4月8日下午，校党委书记王清义和乌拉尔联邦大学校长卡克沙罗夫共同签署合作办学机构——中俄工程技术学院《合作协议书》《章程》《人才培养方案》《财务管理办法》等文件。

6）华北水利水电大学特聘专家王复明教授、赵伟教授和王文川教授受邀参加了三场水工程与污染治理、能源两个领域的国际专题小组讨论。

7）2016年4月8日下午，校党委书记王清义代表学校，参加成员高校签字仪式。

8）2016年4月8日下午，校党委书记王清义一行出席会议闭幕式，听取俄罗斯联邦教科部副部长讲话和下一任轮值主席国印度教育部代表的发言。

（15）2016年7月，副校长王天泽率团组一行6人赴俄罗斯，参加在俄罗斯彼得堡国立交通大学举办的中俄人文合作委员会第十七次会议。

（16）2016 年 9 月，俄罗斯乌拉尔联邦大学团组一行 3 人来华北水利水电大学访问，举行中俄合作办学项目 2016 级土木工程专业新生见面会。双方共同对合作办学机构——中俄工程技术学院的申报材料进行了审定。

（17）2016 年 10 月，华北水利水电大学向河南省教育厅提交《华北水利水电大学关于与俄罗斯乌拉尔联邦大学合作举办华北水利水电大学中俄工程技术学院的请示》，河南省教育厅向省政府递交《关于华北水利水电大学与俄罗斯乌拉尔联邦大学合作举办中俄工程技术学院的请示》，河南省人民政府向教育部提交《关于恳请批准华北水利水电大学举办中俄工程技术学院的函》。

（18）2016 年 11 月，学校金砖国家事务办公室收到教育部国际司《关于反馈"华北水利水电大学中俄工程技术学院"初审意见的函》，启动第一次整改工作。

（19）2016 年 12 月，华北水利水电大学收到教育部印发《关于开展中外合作办学机构专家集中评议工作的通知》，启动答辩筹备工作；校党委书记王清义、校长刘文锴在北京与专程来访的乌拉尔联邦大学校长卡克沙罗夫举行会晤，着重就即将共同参加的"教育部关于华北水利水电大学乌拉尔学院申请设立的专家集中评审现场答辩会"进行沟通。

（20）2017 年 1 月，华北水利水电大学收到教育部《关于反馈中外合作办学机构专家评议意见的函》，启动第二轮整改工作。

（21）2017 年 2 月，华北水利水电大学 2017 年度工作部署会在龙子湖校区第四会议室举行。会议提出了 2017 年十项工作要点，其中第四项为：完善国际合作办学机制，力争乌拉尔学院合作办学机构通过教育部审批。

（22）2017 年 3 月，学校金砖国家事务办公室收到河南省教育厅《关于我省对俄合作办学有关情况的报告》，乌拉尔学院合作办学《协议书》《章程》和《人才培养方案》修订工作完成，华北水利水电大学向教育部提交《关于华北水利水电大学中外合作办学机构专家评议意见的整改报告》，同时印发《华北水利水电大学乌拉尔学院发展规划》。

（23）2017 年 4 月，学校金砖国家事务办公室收到教育部传真《华北水利水电大学乌拉尔学院集中评议后整改材料的专家意见》，启动第三轮整改。

（24）2017 年 5 月，教育部国际合作与交流司鉴于我校"在金砖国家网络大学中参与度高，与多所成员高校开展了实质性合作"，为了整合资源，加强国内成员高校在机制中的协同性，特发布文件（教外司际〔2017〕939号），指定我校担任金砖国家网络大学中方高校牵头单位，并负责承办 2017年金砖国家网络大学年会。

（25）2017 年 6 月，华北水利水电大学赴教育部就国际合作办学和金砖国家网络大学年会筹备工作进行汇报；河南省大学生"一带一路"演讲比赛颁奖典礼暨河南省"一带一路"人文交流中心揭牌仪式在学校龙子湖校区举行；华北水利水电大学与巴西米纳斯吉拉斯联邦大学签订了《米纳斯吉拉斯联邦大学与华北水利水电大学学术交流协议》。

（26）2017 年 7 月，"2017 年金砖国家网络大学年会"如期举行。此次年会举行了全体大会，以及国际管理理事会会议、成员高校校长圆桌会议、中国国内协调委员会会议、六个优先合作领域国际专题工作组会议共 9 个分会场的小组会议。金砖五国教育部门代表、各成员高校代表围绕"务实合作与国际化"这一主题，开展了务实高效的交流研讨，对《金砖国家网络大学国际管理董事会章程》《2017—2018 年金砖国家网络大学行动计划》《2017 年金砖国家网络大学年度会议郑州共识》等多项重要文件形成了共识，达成系列多边和双边的合作协议。

（27）2017 年 7 月，学校金砖国家事务办公室收到教育部《华北水利水电大学乌拉尔学院整改材料专家意见》，立即组织召开第四轮整改工作会议。

（28）2017 年 9 月，华北水利水电大学与巴西维克萨联邦大学签订了《巴西维克萨联邦大学与中国华北水利水电大学学术合作备忘录》。

（29）2017 年 10 月，华北水利水电大学向教育部提交《华北水利水电大学乌拉尔学院专家评议意见的整改报告》；俄罗斯乌拉尔联邦大学工作组莅临华北水利水电大学访问；校长刘文锴携金砖国家事务办公室相关人员赴教育部，就我校与俄罗斯乌拉尔联邦大学合作办学情况进行汇报。教育部国际司副司长王慧、教育部国际合作与交流司国际涉外办学监管处副处长王义会见了刘文锴一行。刘文锴介绍了我校与乌拉尔联邦大学的合作办学项目运营以及乌拉尔学院筹建情况，王慧高度肯定了我校在 2017 年金砖国家网络大学年会中出色的组织工作和高质量的办会成果，并就乌拉尔学院相关工作做出重要指示。

（30）2017 年 11 月，教育部国际司就华北水利水电大学提交的第四轮整改报告进行反馈，要求学校就"远程教学"等问题做出说明，学校金砖国家事务办公室召开第五轮整改工作会议；学校金砖国家事务办公室收到教育部《关于请就落实厦门会晤后续事项提供材料的函》，并于次日提交材料。

（31）2017 年 12 月，王天泽副校长带队赴北京参加"中俄未来科技创新创业论坛"，并与俄罗斯乌拉尔联邦大学副校长科尼杰夫共同为华北水利水电大学乌拉尔学院揭牌。

（32）2018年1月10日，教育部正式发函同意设立华北水利水电大学乌拉尔学院。

附图2-1　2018年乌拉尔学院正式成立

（33）2019年3月15日，俄罗斯乌拉尔联邦大学与我校共同举办的合作办学机构——乌拉尔学院，顺利通过俄罗斯教科部的教学评估，乌拉尔联邦大学成为第一所符合国家标准的与国外大学建立合作的院校。

（34）2020年，乌拉尔学院土木工程专业中俄合作办学项目完成第一个办学周期，顺利完成评估工作。

国家留学基金委公布了《2019年赴俄罗斯专业人才培养计划（第二批）录取通知》（留金欧〔2019〕607号）与《2020年促进与俄乌白国际合作培养项目录取通知》（留金欧〔2020〕637号），华北水利水电大学共有22名师生获得资助，实现了资助层次从本科到硕士、博士的突破。

学校参加金砖国家网络大学国际理事会2020年会议（视频会议），将会议成果文件以函件形式（《关于金砖国家网络大学国际理事会2020年会议成果文件征集意见的函》）发送至国内11所成员高校，认真总结意见并形成报告，上报教育部。

三、华北水利水电大学参与金砖国家网络大学年会

1. 第一届年会

2016年4月6—8日，校党委书记王清义带队赴俄罗斯叶卡捷琳堡乌拉尔联邦大学，参加金砖国家网络大学第一届年会。与会期间，王清义出席了会议开幕式和闭幕式，与乌拉尔联邦大学校长卡克沙罗夫等举行了会谈，与

乌拉尔联邦大学校长卡克沙罗夫共同为"金砖国家大学联盟-金砖国家网络大学水工程与能源研究中心（俄罗斯）"揭牌，共同签署合作办学机构——中俄工程技术学院《合作协议书》《章程》《人才培养方案》《财务管理办法》等文件。特聘专家王复明教授、赵伟教授和王文川教授受邀参加了三场水工程与污染治理、能源两个领域的国际专题小组讨论。

2. 第二届年会

中国担任金砖国家2017年轮值主席国，中国教育部担任金砖国家网络大学国际管理董事会的轮值主席，负责召集金砖国家网络大学2017年度会议。教育部经过综合考察，于2017年5月8日指定华北水利水电大学为金砖国家网络大学中方高校牵头单位，并负责承办2017年金砖国家网络大学年会。年会于在2017年7月2—3日在中国河南省郑州市举办。

来自金砖五国的教育主管部门官员、金砖国家网络大学成员高校的近200名专家和学者出席了年会开幕式和全体会议。国际管理董事会成员（IGB）会议、六个优先合作领域的国际专题小组（ITG）会议，校长圆桌会议分别召开。各国代表就成员高校间的学分互认、本硕博层次的学生交流与联合培养、教师交流、科研合作等议题展开深入探讨。会议对《金砖国家网络大学国际管理董事会章程》《2017—2018金砖国家网络大学行动计划》《2017年金砖国家网络大学年度会议郑州共识》等多项重要文件形成共识，达成系列多边和双边的合作协议。这次会议是河南省首个国际高等教育高端峰会。

华北水利水电大学在本次会议中，专门组织五国专家参加年度水资源和能源领域ITG网络会议，完成上一年度建设成果总结，完善推进下一年度建设规划。

附图2-2　2017年9月中国郑州金砖国家网络大学第二届年会

3. 第三届年会

2018 年 5 月 7 日，华北水利水电大学牵头召开 2018 年金砖国家网络大学中方成员高校协调会议。来自西南大学、东北林业大学、湖南大学、河海大学、四川大学、复旦大学等高校的三十多名代表齐聚学校龙子湖校区，共同探讨金砖国家网络大学未来组织建设和本年度行动计划。

2018 年 5 月 14 日，学校向教育部提交《关于提请教育部代表团参加第三届金砖国家网络大学年会的请示》。

2018 年 5 月 25 日，学校收到教育部《关于参加第三届金砖国家网络大学的通知》。华北水利水电大学作为牵头单位，开始启动会议组织等相关工作。

2018 年 6 月 22 日，由学校发起，召开由教育部国际司国际组织处、北京师范大学三个单位代表组成的金砖国家网络大学国际管理董事会中方委员全体会议，讨论关于成立金砖国家网络大学六个合作领域中方成员高校工作组并确定牵头单位、组织成员高校赴南非参加第三届年会等事宜。会上正式授权华北水利水电大学代表中方成员高校与南非主办方对接参会事宜。

2018 年 6 月 24 日，金砖国家大学联盟中方高校协调会在复旦大学举行，会议由复旦大学金砖国家研究中心承办。参会单位包括教育部国际合作与交流司和中国人民大学、四川大学、哈尔滨工业大学、吉林大学、厦门大学、西安交通大学、浙江大学、北京师范大学、天津大学、兰州大学、北京外国语大学和华北水利水电大学 12 所高校。

2018 年 7 月 5—7 日，第三届金砖国家网络大学年会在南非开普敦召开，我校作为秘书处单位，受教育部委托负责组织中国代表团共 9 所高校的 26 名代表参会。前期做好会议信息通报、参会人员注册统计、会议发言征集及出访签证手续协调等工作。抵达南非后，为加强中方高校的内部协同性，秘书处召集全体参会人员开会，明确参会纪律和分工，动员大家深度参与，踊跃发言，树立了中国高校良好形象。会后，秘书处对会议资料整理收集，汇编成册，并上报教育部及成员高校。

附录三 华北水利水电大学
与乌拉尔联邦大学强化
交流资料

一、校际互访与师生交流

(1) 2018 年 1 月 29 日—2 月 11 日，华北水利水电大学派遣冬季研习团赴俄罗斯乌拉尔联邦大学参加学习及文化交流项目，取得圆满成功。

华北水利水电大学国际教育学院土木工程（合作办学）及外国语学院俄语专业共 14 名学生，由学生处副处长曹震、金砖国家事务办公室工作人员张忆萌及国际教育学院辅导员李书慧三位老师带队，赴俄罗斯叶卡捷琳堡市参加由乌拉尔联邦大学举办的冬季研习项目，共同参与交流的还有 40 名来自中国哈尔滨工业大学、北京航空航天大学，巴西和博茨瓦纳等国的高校学子。

附图 3-1 华北水利水电大学研习团于乌拉尔联邦大学主楼前合影留念

本次研习项目主要围绕俄语交流技能及俄罗斯传统文化两部分内容，通过课堂环节与实践环节的交互融合，利用传统教学、开放讨论、浸入体验等方式，使学生的俄语及英语交流能力得到了提升，文化知识得到了充实，同时体验了异国求学生活，拓展了国际化视野。

在为期两周的学习期间，我校学生遵守纪律、学习认真、团结友爱、积极活跃，得到了组织方的高度赞扬。在本次冬季研习项目的闭幕仪式上，我校同学均以优异成绩取得学习证书（含 3 个 ETCS 学分），其中 2016 级土木工程（合作办学）专业孙国峰同学荣获高等俄语研习班第一名。

（2）2019 年组织 40 名学生赴俄罗斯乌拉尔联邦大学参加暑期研习班，选拔 10 名学生赴俄罗斯乌拉尔联邦大学留学；定制俄语学习趣味活动，每周日举办"俄语俱乐部"活动，由俄语外教精心准备每一期活动主题，包括俄语诗歌朗诵、俄语自由交流、俄语歌曲表演、俄语电影欣赏等。

附图 3-2　2019 年赴俄罗斯乌拉尔联邦大学参加暑期研习班

附图 3-3　研习团全体同学荣获学习证明

附图 3-4　研习团与乌拉尔联邦大学代表进行座谈

附图 3-5　2019 年暑期研习班合影

附图 3-6　2019 年暑期研习班交流

（3）2020 年组织策划 3 期"俄语俱乐部"活动，同时举办第三届"墨彩杯"俄语书法大赛、第一届俄语朗读比赛，并联合外国语学院承办第二届校级俄语知识竞赛等。

（4）乌拉尔学院组织由学院领导班子成员、外籍教师、全体教工组成的 2019 年招生宣传工作组，不辞辛劳，赴省内外多个地方开展招生宣传工作。

附图 3-7 俄语交俱乐部师生沟通

附图 3-8 俄语交俱乐部
同学们在积极讨论

附图 3-9 俄语助教团学长
在进行俄语学习经验分享

附图 3-10 苏喜军副校长莅临指导
乌拉尔学院招生宣传工作

附图 3-11 学院领导在石家庄
高招咨询会解答考生疑问

　　学校将乌拉尔学院的招生批次由二本调整为一本，虽然面临招生压力，但考虑到河南考生生源数量大幅增加，是一次良好的机遇。为提高学院的社会关注度，吸引优质生源，创新招生宣传形式，开创招生宣传新局面，实现学院人才培养质量和内涵建设的科学快速发展，乌拉尔学院于 2019 年 5 月底正式启动系列招生宣传活动。

附图 3 - 12　外籍教师参加新乡招生宣传组

附图 3 - 13　院领导和教师参加鹿邑招生宣传组

二、国家留学基金委相关项目申报

（1）2019年，乌拉尔学院赴俄罗斯专业人才培养计划（第二批）录取情况：共9名同学获得本科插班生公派留学资格，其中2017级1名，2018级8名。受疫情影响，留学人员留学资格延期。

（2）2020年赴俄乌白专业人才培养计划录取情况：测绘学院2名同学获得攻读硕士学位研究生公派留学资格；电力学院1名同学获得攻读博士学位研究生公派留学资格；乌拉尔学院共7名同学申报，由于各种原因，未获得公派留学资格。受疫情影响，留学人员留学资格延期。

（3）2020年促进与俄乌白国际合作培养项目录取情况：乌拉尔学院共2名教师申请访问学者、1名同学申报攻读硕士学位研究生、25名同学申报本科插班生，其中2名教师获访学资格、1名同学获得攻读硕士学位研究生公派留学资格、7名同学获得本科插班生公派留学资格。受疫情影响，留学人员留学资格延期。

2019年赴俄罗斯专业人才培养计划（第二批）留学人员名单

序号	CSC学号	姓名	工作/学习单位	留学单位	留学专业	留学身份	留学及资助期限（月）	受理机构
1	201908410509	孙金伟	河南财经政法大学	南方联邦大学	管理科学与工程	博士研究生	36	河南省教育厅
2	201908410506	禹帅先	河南城建学院	圣彼得堡国立建筑大学	给排水科学与工程	本科插班生	12	河南省教育厅
3	201908410507	唐冬梅	河南大学	莫斯科国立法学大学	刑法学	访问学者	12	河南省教育厅
4	201908410497	王哲宇	华北水利水电大学	乌拉尔联邦大学	土木工程	本科插班生	18	河南省教育厅
5	201908410498	孟天欣	华北水利水电大学	乌拉尔联邦大学	测绘工程	本科插班生	30	河南省教育厅
6	201908410499	冷飞	华北水利水电大学	乌拉尔联邦大学	能源与动力工程	本科插班生	30	河南省教育厅
7	201908410500	李若辰	华北水利水电大学	乌拉尔联邦大学	能源与动力工程	本科插班生	30	河南省教育厅
8	201908410501	范冰冰	华北水利水电大学	乌拉尔联邦大学	建筑学	本科插班生	36	河南省教育厅
9	201908410502	赵子璐	华北水利水电大学	乌拉尔联邦大学	建筑学	本科插班生	36	河南省教育厅
10	201908410503	孙佳馨	华北水利水电大学	乌拉尔联邦大学	建筑学	本科插班生	36	河南省教育厅
11	201908410504	康宁	华北水利水电大学	乌拉尔联邦大学	建筑学	本科插班生	36	河南省教育厅
12	201908410505	罹金金	华北水利水电大学	乌拉尔联邦大学	建筑学	本科插班生	36	河南省教育厅
13	201908410510	弓海涵	中原工学院	圣彼得堡国立宇航仪器制造大学	测控技术与仪器	本科插班生	30	河南省教育厅
14	201908410511	张晗玥	中原工学院	圣彼得堡国立宇航仪器制造大学	测控技术与仪器	本科插班生	30	河南省教育厅
15	201908410513	张雨鑫	中原工学院	圣彼得堡国立宇航仪器制造大学	测控技术与仪器	本科插班生	30	河南省教育厅
16	201908410517	陈鹏	中原工学院	圣彼得堡国立宇航仪器制造大学	测控技术与仪器	本科插班生	30	河南省教育厅
17	201908410518	王卓威	中原工学院	圣彼得堡国立宇航仪器制造大学	测控技术与仪器	本科插班生	30	河南省教育厅
18	201908410519	方惠民	中原工学院	圣彼得堡国立宇航仪器制造大学	软件工程	本科插班生	24	河南省教育厅
19	201908410520	李瑞恒	中原工学院	圣彼得堡国立宇航仪器制造大学	软件工程	本科插班生	24	河南省教育厅
20	201908410521	苑恒翔	中原工学院	圣彼得堡国立宇航仪器制造大学	软件工程	本科插班生	24	河南省教育厅
21	201908410526	吴素丹	中原工学院	圣彼得堡国立宇航仪器制造大学	软件工程	本科插班生	24	河南省教育厅
22	201908410533	刘孟祥	中原工学院	圣彼得堡国立宇航仪器制造大学	电气工程及其自动化	本科插班生	24	河南省教育厅
23	201908410537	黄如瑞	中原工学院	圣彼得堡国立宇航仪器制造大学	电气工程及其自动化	本科插班生	24	河南省教育厅
24	201908410538	岳昊东	中原工学院	圣彼得堡国立宇航仪器制造大学	电气工程及其自动化	本科插班生	24	河南省教育厅
25	201908410539	徐睿志	中原工学院	圣彼得堡国立宇航仪器制造大学	电气工程及其自动化	本科插班生	24	河南省教育厅

附图3-14　2019年留学人员名单

附件1

2020年赴俄乌白专业人才培养计划留学人员名单

序号	CSC学号	姓名	留学单位	留学专业	留学身份	留学及资助期限（月）	留学国别	受理单位
1	202008410262	杜洋	乌拉尔联邦大学	电力系统及其自动化	博士研究生	60	俄罗斯	河南省教育厅
2	202008410263	郑梦颖	乌拉尔联邦大学	大地测量学与测量工程	硕士研究生	36	俄罗斯	河南省教育厅
3	202008410264	张旱丹	乌拉尔联邦大学	大地测量学与测量工程	硕士研究生	36	俄罗斯	河南省教育厅

附图 3-15　2020 年留学人员名单

附图 3-16　2020 年国家公派留学确认信息

188